PETER STEFFEN

Der „Agrar-Rebell“ und seine neuen Projekte in aller Welt

Stocker
stv

Sepp Holzer

Der „Agrar-Rebell“ und seine neuen Projekte in aller Welt

Peter Steffen

LEOPOLD STOCKER VERLAG
Graz – Stuttgart

Umschlaggestaltung: TOP-Design/Spurej, Graz
Umschlagfotos Vorderseite: Peter Steffen
Umschlagfotos Rückseite: Peter Steffen

Bibliografische Information Der Deutschen Bibliothek
Die Deutsche Bibliothek verzeichnet diese Publikation in der Deutschen Nationalbibliografie; detaillierte bibliografische Daten sind im Internet unter http://dnb.ddb.de abrufbar.

Hinweis: Dieses Buch wurde auf chlorfrei gebleichtem Papier gedruckt.
Die zum Schutz vor Verschmutzung verwendete Einschweißfolie ist aus Polyethylen chlor- und schwefelfrei hergestellt. Diese umweltfreundliche Folie verhält sich grundwasserneutral, ist voll recyclingfähig und verbrennt in Müllverbrennungsanlagen völlig ungiftig.

ISBN 978-3-7020-1155-0

Grafik & Layout: TOP-Design/Spurej, Graz
Konzeption und Bildredaktion: Agentur am Kunsthaus, C. G. Schmitzberger
Druck und Bindung: Druckerei Theiss GmbH, A-9431 St. Stefan i. Lav.
Printed in Austria 2007

Inhalt

Editorial	6
Vorwort Reinhold Messner	7
Geleitwort Gernot Langes-Swarovski	8
Geleitwort Prof. Dr. Bernd Gerken	9
Einleitung	10
Sepp Holzer. Curriculum vitae – der Lauf des Lebens	15
Das Phänomen Sepp Holzer	27
Der Krameterhof	39
Meine Universität – die Natur	58
Kritiker Sepp Holzers – die Neidgesellschaft mbH.	62
Sepp Holzer – der die Natur wie kein anderer versteht	67
Sepp Holzers Inlandsprojekte	72
Das Gudenhof-Projekt – Daniela und Georg Zorn/Holzer'sche Permakultur in Schottwien	75
Sozialprojekt BERTA in Bad Aussee	80
Das Holzer'sche Permakultur-Projekt „Jagawirt" am Reinischkogel	87
Auslandsprojekte und Prominenz	93
Projekt in Extremadura/Spanien	95
Biobauernhof-Projekt Norwegen	113
Pionier-Projekt im schottischen Hochland auf den Besitztümern der Familie Langes-Swarovski	115
Russland-Großprojekt des Textilgroßkaufmannes Alexander Brodowski	121
Großprojekt von Douglas Tompkins in Chile und Argentinien	129
Holzer'sche Permakultur-Projekte für katholischen Orden in Kolumbien	133
Besuch von Almaz Böhm am Krameterhof	135
Permakultur- und Beratungsseminar in La Palma	136
Das geplante Dattel- und Olivenplantagen-Großprojekt auf den Besitztümern der königlichen Hoheit Prinzessin Alia al Hussein von Jordanien	138
In Arbeit befindliche Projekte Holzer'sche Permakultur	140
Visionen und Träume	144
Kritik, Verleumdungen und Unterstellungen	150
Nachwort	156

Editorial

Neben der Dokumentation beeindruckender und allesamt erfolgreicher Sepp-Holzer-Projekte finden die Leserin und der Leser in diesem Buch eine Fülle von Eindrücken, die die wortgewaltige Persönlichkeit Holzers in allen ihren Facetten widerspiegeln.

Es gibt nur wenige Menschen, die so wie Holzer den Mut und das Engagement aufbringen, ungeachtet aller Repressalien für die Bewahrung der Natur, eine artgerechte Tierhaltung und den Schutz des Lebens im Sinne einer von der Schöpfung auferlegten Verantwortung einzutreten.

Unter diesem Aspekt ist auch Sepp Holzers Motivation für den Widerstand zu sehen, den er mit Blick auf widernatürliche bzw. natur- und lebensfeindliche Anordnungen und Verfügungen immer wieder geleistet hat.

„Lemmingverhalten" und die anteilslose Hinnahme von Maßnahmen, die unsere Natur, Umwelt und Gesundheit bedrohen oder die Zukunft unserer Kinder in Frage stellen, heißt mitverantwortlich für negative Entwicklungen zu sein; ein Zusammenhang, den sich jeder von uns täglich aufs Neue bewußt machen sollte.

Peter Steffen

Vorwort
Reinhold Messner

Sepp Holzer hat mit seiner Permakultur gezeigt, dass Landwirtschaft in den Alpen auch in Zukunft möglich ist – neben den, die Landwirtschaft verunstaltenden Monokulturen und jener industriellen Landwirtschaft, die als Bergbauernwelt daherkommt, in der Summe aber den gleichen Mustern entspricht, die wir aus der Ebene kennen.

Die Alpen brauchen eine eigene Landwirtschaftspolitik, eigene Rahmenbedingungen und neue Visionen. Sepp Holzer hat mit seinem ganz konkreten Einsatz gezeigt, dass es auch anders geht. Seine Permakultur ist nachhaltig, erfolgreich und dem Landschaftsschutz verpflichtet.

Reinhold Messner

Geleitwort Gernot Langes-Swarovski

In absoluter Harmonie mit der Natur versteht es Sepp Holzer, immer aufs Neue möglich zu machen, was vorher als unmöglich galt. Auch in Schottland ist es ihm gelungen, dies einmal mehr unter Beweis zu stellen. Die von ihm erzielten Erfolge beeindrucken sowohl einheimische Landbesitzer als auch Landwirtschaftsexperten.

Der Agrar-Rebell, der seinen Beinamen zu Recht trägt, stellt für mich die perfekte Verbindung zwischen der Natur und ihren evolutionär bedingten Abläufen dar.

Sein nicht immer in vollem Umfang anerkanntes Wirken um den Erhalt eines natürlichen Lebensraumes und den Schutz unserer Umwelt kann in einer Zeit, in der die Natur weltweit immer mehr in Bedrängnis gerät, nicht hoch genug eingeschätzt werden.

Gernot Langes-Swarovski

Geleitwort Prof. Dr. Bernd Gerken
Santana da Serra

... Unter Steineichen in der Extremadura Spaniens, bei Naval Moral. Auf den ersten Blick eine Parklandschaft wie aus dem Märchen, Wiesen, als wären sie gemäht; mit ersten Frühlings-Blumen, alte Bäume mit knorriger Rinde, Silhouetten von Kranichen, die hier Winterurlaub machen. Regelmäßig Besuch von Gänsegeiern. – „Ein Altersheim ist das!" sagt Sepp Holzer. „In wenigen Jahren ist hier eine kahle Landschaft, denn die Steineichen sterben Stück für Stück ab." Hier fehlt jedwede Naturverjüngung! Um diese Landschaft zu erhalten und zu einer für Natur und Mensch nachhaltig guten Entwicklung zu führen, ist dringend etwas zu tun! Mit jedem weiteren Blick in die Landschaft wird die Dringlichkeit deutlicher – denn was hier wie erstarrt stagniert, das kennzeichnet große Teile des iberischen Subkontinents. Hier bedarf es entschlossener Pilotprojekte mit Einfühlungsvermögen. Als Erstes gab Sepp Holzer den Rindern Weideverbot – zum Glück machen diese Grundbesitzer mit und unterstützen seine Ideen!

Rasch zu erkennen, was der Natur fehlt, wenn anscheinend nichts mehr geht – und ebenso rasch zu handeln, wenn die grundlegenden Mängel erkannt sind –, das ist Sepp Holzers Gangart. An manchen Stellen muss anfangs bewässert werden, aber so bald als möglich wird die Landschaft ihre Pflanzen selbst tragen. In derlei Regelgefüge soll sich der Mensch einfühlen, nur so kann er Erfolg haben. Darauf wartet die ganze Natur! Er probiert aus und passt an die Möglichkeiten an. Manchen befremdlich, doch wie selbstverständlich befragt er die Bäume selbst.

Einige Monate später treffen wir Sepp Holzer in Spanien wieder. Dort, wo kaum ein halbes Jahr davor noch Dürre, Trockenheit und karges Bodenleben die prägenden Elemente der Landschaft darstellten, gehen wir den ganzen Tag begeistert durch blühende, fruchtbare Wiesen und Gärten. Die dort jetzt vorherrschende Fülle ist auch für „Kenner" der Extremadura unglaublich. Wir ernten Arme voll Salat, Rettiche, Kohl und Kürbisse und eine Riesenmenge an Topinambur aus den Hügelbeeten und den Versuchspflanzungen.
Ein weites, miteinander harmonierendes Teichsystem gibt Schwärmen von Zugvögeln und heimischen Vogelarten neuen Raum – Fische werden sich einfinden.

Sepp Holzer zeigt Modelle für die Fortsetzung und die Wieder-Entdeckung des gemeinsamen Evolutionsweges auf. Die Zukunft der Kulturlandschaft ist eine Naturlandschaft mit dem Menschen!

Prof. Dr. Bernd Gerken
Santana da Serra

Die Ökologen Professor Dr. Bernd Gerken und seine Frau, Dipl.-Biol. Annette Gerken, haben Sepp Holzer bei seinem Projekt in Extremadura öfters besucht und dabei neue, interessante Erfahrungen sammeln können. Von ihnen stammen auch das Projekt Kinder-der-Zukunft sowie Ideen und Umsetzung von Iberia-Verde und Bäume für die Erde in Südportugal. Zusammen mit Freunden entwickeln sie das internationale Bildungsnetzwerk.

Einleitung

Im Laufe der zahlreichen Auslandsreisen mit Sepp Holzer, der seit Jahren als „Agrar-Feuerwehr“ in allen Teilen unserer Erde unterwegs ist, mussten wir eine – in den letzten Jahren in erschreckendem Ausmaß zunehmende – weltweite Verwüstung von Natur und Umwelt feststellen.
Aus Profitgier, Großmannssucht und mangelndem Naturverständnis führen die Handlanger von Großkonzernen und anderen Geldgebern Krieg gegen die Natur, gegen Tiere, Pflanzen und letztlich damit auch gegen uns selbst, gerade so, als hätten sie den Verstand verloren und als wäre ihnen jedes Gefühl für die daraus resultierenden, verheerenden Folgen abhanden gekommen.

Es wird gerodet, zubetoniert, gebrandschatzt, ausgerottet, gespritzt, gedüngt, verseucht, vergiftet, begast, verstümmelt, gepanscht und umetikettiert, als hätten die Aufschreie einer gepeinigten Natur in den letzten Jahrzehnten nicht stattgefunden.
Was in dieser Hinsicht derzeit in Spanien, Portugal, Italien, Bulgarien, Rumänien, Russland, Holland, auf den Kanaren oder in Südamerika – um nur einige solcher Plätze zu nennen – in Sachen Monokulturwirtschaft, Giftmitteleinsatz, Waldverwüstung*, Tierquälerei und sonstiger Umweltzerstörung vor unser aller Augen abläuft, kann und darf nicht mehr mit den Begriffen Naivität, Dummheit oder Unwissenheit abgetan und verharmlost werden, sondern muss ganz klar als das, was es ist, bezeichnet werden, nämlich als bewusst geplante und exekutierte Umweltverbrechen zum Schaden von Mensch Tier und Natur unter Zerstörung natürlicher Lebensbedingungen nachkommender Generationen.

Durch den damit einhergehenden, weltweit rapide fortschreitenden Untergang des Bauernstandes durch Subventionswirtschaft, die Passivität belohnt, abhängig macht und eigenständiges, kreatives Handeln unterbindet oder bestraft, stehen wir heute, nicht zuletzt durch die Anbetung des Götzen Wirtschaftswachstum, am Rande eines sozial-ökologischen Abgrunds.

In Zeiten, in denen die Bevölkerung mit Halbwahrheiten, Tatsachenverdrehungen, Verharmlosungen und Unwahrheiten über den tatsächlichen Zustand unseres Planeten Erde in Unwissenheit gehalten wird und man uns – wiewohl das Scheitern der „grünen Gentechnik“ weltweit nachvollzogen werden kann** – weismachen möchte, eine Technologie wie diese zur Beseitigung des „Welthungers“*** zu benötigen, wird die Fragwürdigkeit solcher Aussagen mehr als transparent.
So lange allein in Europa täglich viele Tausende Tonnen von Lebensmitteln als Müll entsorgt werden und Millionen von Hektar fruchtbares Ackerlands in Russland, Bulgarien, Portugal und anderswo brachliegen, sollten wir uns, anstatt mit einer neuen, unkontrollierbaren Technologie zu liebäugeln, Gedanken darüber machen, wie wir in einer übersättigten Konsumgesellschaft zu gesunder Ernährung, zu sinnvollen Anbaumethoden

und zu einer sinnvolleren und gerechteren Verteilung unserer Nahrungsmittel, insbesondere, was die Bedürfnisse der Staaten der sogenannten Dritten Welt angeht, zurückfinden können.

Unsere allerorts vergewaltigte Natur, nur allzu oft von Technokraten, Umweltvandalen und einer teilweise weltabgewandten Wissenschaft misshandelt, ruft uns weltweit zu Hilfe. Die geschundene Erde bäumt sich noch einmal auf, und weltweit arbeiten viele Menschen, Gruppierungen und Organisationen daran, diese Gefahr noch im letzten Moment von uns abzuwenden. Sepp Holzer, der „Agrar-Rebell", ist einer von ihnen. Einer, der nicht nur redet, sondern tatkräftig dort Hand mit anlegt, wo die Natur im Öko-Kollaps unterzugehen droht. Tun Sie es ihm gleich und setzten Sie dazu – am besten noch heute – ein Zeichen dafür.

In der renommierten Hamburger Wochenzeitung „Die Zeit" vom 1. März 2007 (Nr. 10) stand zu diesem Thema unter dem Titel „Noch dreizehn Jahre Zeit, die Erde zu retten?" Folgendes zu lesen: „Ein paar ‚Hitzköpfe' haben ausgerechnet, dass uns nur noch dreizehn Jahre bleiben, um den Klimakollaps abzuwenden. Viel ist das nicht. Dreizehn Mal noch Sommerurlaub auf den Seychellen, und schon ist die Zeit um. Danach trudelt Mutter Erde auf einen Abstiegsplatz in der kosmischen Bundesliga, degradiert wie Pluto, der Balljunge am Rande der Milchstraße. Unser schöner blauer Planet – der ‚Florida-Rolf' des Sonnensystems, braun gebrannt, doch ohne Hoffnung. Schade eigentlich, denn alt ist die Menschheit dann ja gerade nicht geworden."

* Als „Waldverwüstung" wird in Österreich bezeichnet, wenn jemand so genannte „forstfremde Gehölze" in den Wald pflanzt; darunter fallen zum Beispiel Obstbäume wie Kirsche, Birne Zwetschken oder Äpfel oder das Aussäen von Getreide im Wald. Pflanzt er hingegen Monokulturen (wie z. B. Fichten) zum Schaden von Umwelt und Natur, erhält er dafür möglicherweise noch eine finanzielle Unterstützung in Form einer Förderung.

** Siehe Buch „Gefahr Gentechnik" über das Gentechnik-Desaster in Indien, Kanada, England und überall sonst auf der Welt.

*** Der „Hunger der Welt", der immer wieder für den Einsatz von Gentechnik in der Landwirtschaft verwendet wird, ist in Wahrheit ein Problem der Logistik und der gerechten Verteilung, da genug Nahrungsmittel im Überfluss zur Verfügung stehen. Alleine in Europa liegen viele Millionen Hektar fruchtbarsten Ackerbodens (z. B. in Russland) ungenutzt brach, die für nachhaltigen Anbau genutzt werden könnten. Würden wir mit unseren Lebensmitteln sorgsamer umgehen und nicht etwa ein Viertel davon in den Müll werfen, hätte man das Hungerproblem wohl besser im Griff. Ein Beispiel: In Wien z. B. wird täglich jene Menge an Brot weggeworfen, die in Graz täglich verzehrt wird (Film: „We feed the world").

Vieles, was Sepp Holzer bereits vor Jahren prophezeit hatte, ist heute zum Nachteil von Natur und Umwelt eingetroffen. Seine Warnungen, nicht gegen die Natur, sondern im Einklang mit ihr zu wirtschaften, blieben leider vielfach ungehört oder unbeachtet.

Sein immenses Wissen um die Zusammenhänge in der Natur, seine Studien, Selbstversuche und Forschungen am eigenen Hof über Jahrzehnte hinweg, sein unbeugsamer Wille, die klare, unmissverständliche und für manche eben zu ehrliche Sprache haben ihn in Europa und Übersee zu einem der weltweit besten und erfahrensten Agrarexperten gemacht.

Bauer zu sein, ist der schönste Beruf der Welt!©

Sepp Holzer

Curriculum vitae – der Lauf des Lebens

Eine neuerliche Biografie Sepp Holzers zu verfassen, hieße „Eulen nach Athen tragen", da dies bereits in ausführlicher Weise in den vorangegangenen Büchern „Der Agrar-Rebell", „Sepp Holzers Permakultur" und „Wo ein Wille da ein Weg" geschehen ist. Trotzdem oder gerade deswegen gilt es, Sepp Holzers frühe Jugend und die darauf folgende Aufbauphase des von seinen Eltern ererbten Krameterhofes aufzuzeigen, um dem Leser verständlich zu machen, was Sepp Holzers Leben so sehr und nachhaltig geprägt hat. Dies geschieht hier nicht in Form einer biografischen Abfolge, sondern als lebendige Erzählung, die dem Wesen des „Agrar-Rebellen" wohl am besten gerecht wird.

Sepp Holzer wurde von seinen Eltern, die schwer arbeitende Bergbauern waren, geprägt; sie bekamen die Last eines entbehrungsreichen Lebens in über 1.000 Metern Seehöhe in voller Härte zu spüren.

Sepp Holzers Kindheit, seine Erlebnisse, Erfahrungen und Selbstversuche in dieser Zeit, trugen dazu bei, dass der spätere Bauer und Familienvater zum Revolutionär im Hinblick auf Agrarwirtschaft und Naturverständnis wurde. Sehr früh erkannte er, dass die Abläufe in der Natur ganz bestimmten, evolutionär vorgegebenen Gesetzen unterliegen und ein Eingriff von Menschenhand verhängnisvolle Folgen nach sich zieht. Den Kreislauf der Natur täglich neu zu erleben, im Gras zu liegen, und neben Grillen, Fröschen und Maulwürfen auch anderes Kleingetier zu beobachten, war neben den Arbeiten in seinem „Gartl", dem „Beißwurmboanling", die Hauptbeschäftigung des kleinen Sepp in der Kindheit („Beißwurm": Schlange; „Boanling": eine landwirtschaftlich schlecht zu bearbeitende Fläche).

Bergbauer zu sein, bedeutete in Sepp Holzers Jugend ein entbehrungsreiches Leben. Die einzige Abwechslung und Freude fand der kleine Sepp lediglich bei seinen Experimenten in und mit der Natur sowie als „Benjamin" des Musikvereins Ramingstein.

Die Schöpfung hat für alle gesorgt!©

Daraus entwickelte sich auch Holzers Verständnis für die natürlichen Regelläufe der Natur im Kreislauf von Vegetationsperioden und Jahreszeiten. Dass Misserfolge beim Säen, Auspflanzen und beim Bearbeiten des Bodens nicht der Natur anzulasten sind, sondern der eigenen Unzulänglichkeit zugeschrieben werden müssen, war eine der wichtigsten Erfahrungen des heranwachsenden Jungen. Diese von Sepp Holzer auch heute noch entschieden vertretene These ist immer wieder Ziel massiver Kritik seiner Gegner, die nur allzu gerne und vorschnell jede vom Menschen verursachte Katastrophe der Natur zuschreiben möchten.

Auch die Mitarbeit am elterlichen Hof schon in der Kindheit – früher ein ganz natürlicher Vorgang auf jedem Bauernhof – stellte für den kleinen Sepp eine tägliche Herausforderung dar. Schon bald begriff er, dass ein

ökonomisches Arbeiten im Einklang mit der Natur das beste Ergebnis erbringt und jedes Arbeiten dagegen von Misserfolgen gekennzeichnet sein muss.

Das karge Leben am steilgelegenen Bergbauernhof, die damit verbundene harte Arbeit und die immer wieder ungerechtfertigte Kritik an seiner zukunftsträchtigen Vision, nämlich die Natur verstehen zu lernen und nicht gegen sie zu kämpfen, sondern mit ihr zu leben, haben den Sepp Holzer von heute zu einem Vorkämpfer und Visionär werden lassen, der unerschrocken und nicht einzuschüchtern für das Recht von Mensch und Natur eintritt und die Angriffe unverständiger Neider gelassen über sich ergehen lässt, weil sich diese letztendlich ohnehin selbst immer wieder als solche bloßstellen.

Die Natur selbst macht keine Fehler,
sie regelt und reguliert im Unterschied
zum Menschen weise und verständig.©

„Die Natur ist perfekt und benötigt keine Korrektur durch Menschenhand“, meint der „Agrar-Rebell“ auf den vielen Vorträgen, die ihn alljährlich durch die ganze Welt führen.

„Die Natur ist der begnadetste Künstler, der beste Maler, der kreativste Bildhauer und größte Perfektionist, den es gibt.“

Wo immer Sepp Holzer die Mechanismen der Natur erklärt, findet er aufmerksame Zuhörer, die seine Hinweise als wertvolle Erfahrung mit nach Hause nehmen und umsetzen können.

Gentechnik im Zusammenhang mit der Manipulation
von Lebensmitteln ist ein großes Verbrechen
an der Menschheit!©

Wer die Nahrung beherrsche, beherrsche die Menschen, meinte einmal ein bekannter US-Politiker; ein Ausspruch, an den sich Sepp Holzer noch gut erinnert.
Und heute wie damals ist ihm bewusst, dass der immer wieder unternommene Versuch, in die Schöpfung eingreifen zu wollen (wie zum Beispiel im Fall der grünen Gentechnik), ein an Blasphemie grenzendes Unterfangen darstellt.

Sepp Holzer hat, ohne bisher dafür ausreichend gewürdigt worden zu sein, ein Stück Agrargeschichte geschrieben. Er hat unzähligen Menschen die Freude an der Natur vermittelt oder wiedergegeben, hat beraten, geholfen und aufgeklärt. Er hat die Landwirtschaft revolutioniert und jenen die Hände zu reichen versucht, die, ohne im Einklang mit der Natur zu wirtschaften, längst überholten Schulbuchweisheiten anhingen. Er wurde zum Feindbild einiger Wissenschaftler, die althergebrachte, längst überholte Thesen in Gefahr sahen und mangels Objektivität und aus falschem Ehrgeiz heraus das Phänomen Holzer verteufelten.

Sepp Holzer beim Projekt Extremadura/Spanien: Vor der Aussaat werden die verschiedenen Samensorten von ihm persönlich zusammengestellt und vermischt.

Linke Seite, links oben: Schweizer Werbeplakat für Milch mit dem Titel „Milch macht starke Knochen". Ob dies auch für Milch von Kühen gilt, die gentechnisch verändertes Futter fressen, ist mehr als fraglich; rechts oben: Das Klon-Schaf Dolly, dem nur ein kurzes leidvolles Leben beschieden war; links unten: Der Eingriff in die Erbsubstanz ist schöpfungswidrig und wird weltweit für fragwürdige Ziele mißbraucht; rechts unten: Die Tomate mit Fischgenen – keine Utopie, sondern seit Jahren ungekennzeichnet im Lebensmittelhandel erhältlich.

Geh hin und lern'
im Buch der Natur,
dann wirst du sie erleben
statt erleiden!©

Bereits als kleiner Junge experimentierte er mit Haue und Krampen auf zwei Quadratmetern Grund, den seine Eltern selbst zum Mähen für „zu schlecht" erachteten. Erste Erfolge mit wesentlich größeren Erdbeeren, die bedingt durch die Abstrahlungswärme einiger Steine dort besonders gut gediehen und die er in der Schule gegen Karl-May-Bücher und Radiergummis eintauschte, weckten damals schon seine Neugier und seinen Pioniergeist.

Unermüdlich und stets offen für das „Wunder Natur" ist Sepp Holzer mit mindestens einem Ohr immer am Pulsschlag der Evolution.

Links unten: Steine dienen bei jeder Holzer'schen Permakultur als Wärmespeicher (ähnlich wie bei Kachelöfen), die Kleinklimazonen schaffen.

Das Phänomen Sepp Holzer

Das immense Wissen Sepp Holzers um die Zusammenhänge in der Natur, seine Studien, Selbstversuche und Forschungen am eigenen Hof über Jahrzehnte hinweg, sein unbeugsamer Wille, die klare, unmissverständliche und für manche eben zu ehrliche Sprache haben ihn für Hunderttausende Menschen in Europa und Übersee zu einem der weltweit besten und erfahrensten Agrarexperten gemacht. Die Geschichte von Sepp Holzer, sein weltweites Engagement rund um den Globus als „Agrar-Feuerwehr" mit all ihren Facetten, sprengt jede Dimension.

Jahrzehnte harter Arbeit, unermüdlicher Erforschung und Beobachtung der Natur führten Schritt für Schritt zu der heute weltweit anerkannten Holzer'schen Permakultur. Diese unterscheidet sich in vielerlei Hinsicht von der klassischen Form der Permakultur, die von Bill Mollison erfunden worden sein soll. Die „Holzer'sche Permakultur" stellt keine Wissenschaft, keine patentierte Forschungsmethode und keine Lehrbuchstrategie dar. Sie ist gelebtes Naturverständnis unter Einbindung der Weisheit der Natur, der natürlichen, evolutionären Rahmenbedingungen, des Respekts vor allen Tieren, der Achtung vor der Schöpfung; und ist geprägt von hoher Sensibilität für das Übersinnliche und Schöne – getrieben und geschaffen von einem Forschergeist, der im Unterschied zu seinen Kritikern möglicherweise in die Annalen der Geschichtsbücher fernerer Generationen eingehen wird.

Vielfalt statt Einfalt – die Bärenseealm am Krameterhof aus der Luft betrachtet.

Sepp Holzer, der dann auf Althergebrachtem aufbaut, wenn es um Naturverständnis, artgerechte Tierhaltung oder das Bewahren alten Saatguts geht, steht Neuerungen und technischen Errungenschaften, soweit diese sinnvoll erscheinen, keineswegs ablehnend gegenüber. Was er anprangert, ist die in den letzten Jahrzehnten konstante Ausbeutung der Natur, die Bevormundung und Schwächung des Bauernstandes und der unwürdige Umgang mit Tieren, die in der heutigen Landwirtschaft keinerlei artgerechte Behandlung erfahren. Was wir unseren Tieren antun, trifft letztendlich uns selbst!

Wandelt man durch seine Plantagen, die vom Tal bis auf die Almen reichen, scheint es, als gäbe es weder Klimazonen noch Bodenvorbehalte. Überall wächst „alles“ und noch viel mehr. Für ihn gibt es keine Ungunstlagen, keine schlechten Böden und damit auch keine Ausreden, dass dieses oder jenes schlecht gedeiht oder nicht machbar sei. „Vielfalt statt Einfalt“ ist eine von Holzers Devisen; eine Botschaft, die jeder versteht und die er auf Seminaren am Krameterhof gerne laut und vernehmlich vertritt.

Oben: Salat und Gemüse aller Art wachsen am Krameterhof nicht nur auf Hügelbeeten, Forstwegen und Steilhängen, sondern auch zwischen Schotter und Geröll.
Unten: Sepp Holzers Bärenseealm.

Linke Seite oben: Das Halten von Tieren im Laufstall stellt keinen Ersatz für die Haltung im Freien dar. Jedes Tier hat ein legitimes Recht darauf, sein Leben in freier Natur zu verbringen.
Linke Seite unten: Sepp Holzer mit Freilaufschweinen am Krameterhof.

Auch die Grundlagen seines Tuns kann der Sepp eindrucksvoll erklären: „Versetzt's euch einmal in die Pflanze oder das Tier, mit dem ihr zu tun habt's und denkt's darüber nach: Was wäre, wenn ich jetzt das Schwammerl, der Apfelbaum, der Regenwurm, der Krebs oder das Schwein wäre? Und wenn's das könnt's, dann wisst's auch, was zu tun ist."

Durch diese Perspektive wird klar, was Holzer in seinen Vorträgen und Seminaren meint, wenn er sagt: „Wenn du ein Schwein als Mensch betrachtest und ein Unmensch bist, sperrst du das Schwein ein und lässt es in einem Betonstall dahinvegetieren. Bist du aber das Schwein, würdest du ins Freie und mit deinen Artgenossen im Schlamm suhlen wollen, möchtest den Boden umackern oder leckere Schnecken, Larven, Kartoffeln oder Äpfel verzehren und nicht den antibiotikaversetzten Siloschlatz; Tag für Tag das Gleiche …

Linke Seite unten: Erdställe nach Sepp Holzer stellen für alle Tiere eine gemütliche Unterkunft im Sommer und im Winter dar.
Unten: Sepp Holzers Seminare am Krameterhof sind jedesmal bereits monatelang vorher ausgebucht.

… und wenn du ein Regenwurm wärst, hättest du wohl keine Freude, wenn du erlebst, wie die Böden ausgehungert und ihrer natürlichen Feuchtigkeit beraubt werden. Wenn du dazu noch allwöchentlich ein unfreiwilliges Bad in einer Dusche von Gülle oder Spritzmittel nimmst, die deine Mahlzeiten – das Erdreich – vergiften.

… und bist du gar ein Schwein, eine Ameise, eine Schnecke, eine Grille, ein Heuschreck' oder ein Maulwurf im Garten eines Hobbygärtners, der alles andere als ein ‚Garten Eden' ist, bist du vom Glück verlassen und deine Tage sind gezählt. Da wird gesprüht, verstreut und vergiftet, was das Zeug hält. Giftige und ätzende Substanzen, wohin du kriechst oder trittst.

Schweinehaltung nach Sepp Holzer: Die Tiere leben das ganze Jahr in der freien Natur und fühlen sich „sauwohl".

… die, die auf ihrem Stück Land Muße und Erholung suchen, die Natur erleben und ausspannen wollen, führen Krieg in ihrem Garten, ein Krieg, der für den, der ihn führt, im Vorhinein verloren ist, da er selbst das letzte Glied in der Kette des täglichen Giftwahnsinns darstellt."

Genau das ist Holzers Prinzip: Jedes Tier hat seine Lebensberechtigung, keine Pflanze gilt als minderwertig oder als Unkraut, sondern lebt in Symbiose mit allen anderen. „Unkraut" und so genannte „Schädlinge" gibt es laut Holzer nicht, da jedes Kraut seinen Platz im Kreislauf der Natur einnimmt. Jede Pflanze – und sei sie noch so unscheinbar – erfüllt eine wichtige Funktion als Nahrungsmittel, Wasserspeicher, Luftreiniger, Insektenweide, Bodenverbesserer oder schützt andere Pflanzen vor Befall.

Biotope und Pflanzen verschiedenster Art schaffen am Krameterhof wahrhaft paradiesische Zustände in Bezug auf Klima und Artenvielfalt.

Die Landschaft der Holzer'schen Permakultur ist so gestaltet, dass ein Miteinander aller Lebewesen möglich wird. Nur so kann eine nachhaltige und stabile Landbewirtschaftung erreicht werden. Alle vorhandenen Ressourcen – seien es nun Quellen, Teiche, Sümpfe, Felsen, Wald oder Gebäude – werden in die Planung miteinbezogen und genutzt.

Es gibt keine Pflanze, keine Blume und keinen Schwamm, den man nicht züchten kann. Es ist ein Armutszeugnis für die Wissenschaft, wenn sie etwas anderes behauptet.©

Wild- und Heilpilze zu vermehren, stellt für Sepp Holzer kein wirkliches Problem dar. Überreife Pilze werden in einem Sack getrocknet; durch das Schlagen mit einem Stock auf den Sack werden die Sporen in passenden Biotopen großflächig verteilt; finden sie den richtigen Nährboden, kann das Wachstum beginnen.

Holzers Credo „Ich lasse die Natur für mich arbeiten, die Schweine und Regenwürmer sind meine Mitarbeiter“, wird so am besten verständlich. Das tut er in der Tat, sonst würde er auf seinem Grundbesitz von 50 Hektar in extremer Hanglage eine Vielzahl von Mitarbeitern benötigen. Beobachtet man die Schweine, die den Boden, nach Leckerbissen suchend, großräumig aufwühlen, versteht man auch Holzers ernst gemeinten Urwitz, wenn er über die Schweine und deren Gebaren spricht. „Vorne hab'ns den Pflug und hinten den Miststreuer dran“, meint er augenzwinkernd und hat die Lacher auf seiner Seite.

Trotz aller Anfeindungen, die der „Agrar-Rebell“ im Laufe seines Lebens im Kampf für Natur und Umwelt erdulden musste, würde er keinen Beruf der Welt gegen den des Bauern eintauschen: „Da bist du wenigstens noch einigermaßen dein eigener Herr, werkst den ganzen Tag in frischer Luft und Gottes freier Natur und schläfst in der Nacht so tief wie ein Dachs.“

Oben: Erdstall nach Sepp Holzer am Krameterhof. Mitte: Die sorgfältige Auswahl des Saatgutes – vorwiegend von alten ungekreuzten Sorten –, stellt eine der wichtigsten Aufgaben im Zusammenhang mit einer Permakultur nach Sepp Holzer dar. Unten: Sepp Holzer mit Freilandschweinen am Krameterhof.

Das Bewahren von Traditionen und der Schutz von Pflanzen und Tieren sind wichtige Anliegen von Sepp Holzer.

Der Preis, den Sepp Holzer dafür bezahlt, ist freilich hoch; er, der heute als einer der wenigen für den Bauernstand wirbt und dessen Fahne hochhält, der gegen die Abhängigkeit seiner Berufskollegen eintritt und zu Selbständigkeit, Mut und Eigeninitiative aufruft, findet im eigenen Metier häufig nur wenige Befürworter.

Die allgemeine Meinung, der Obst-, Getreide- und Gemüseanbau in Österreich höre bei 1.000 Metern Seehöhe auf, ist Unsinn. Am Krameterhof gedeiht bis ca. 1.500 Metern fast jede Art heimischen Obstes, Getreides sowie Gemüses und reift dazu auch noch voll aus. ©

Links unten: Der Krameterhof – eine grüne Oase; rechts unten: „Arko", der treue Wächter am Krameterhof.

Oben: Flußkrebse am Krameterhof.
Mitte: Mandelkeimling.
Unten: Josef Andreas Holzer zeigt Seminarteilnehmern am Krameterhof die selbstgezüchteten Krebse aus Seen in 1.300 Metern Höhe.

Der Krameterhof

Ein wirkliches Paradies für sich und die Umwelt hat Sepp Holzer in Jahrzehnten mühevoller Arbeit auf rund 50 Hektar im Lungau, am Kältepol Österreichs mit einer Jahresdurchschnittstemperatur von 4,5 Grad Celsius, geschaffen: Von Japan bis Australien besuchen Wissenschafter und Naturliebhaber seine Seminare, um das Ökodorf rund um seinen Krameterhof zu bestaunen.

Holzers Besitz, der nach der Devise „Vielfalt statt Einfalt“ bewirtschaftet wird, ist mittlerweile zum Synonym für Naturverständnis und kreativem Landbau geworden. Rund um seine Wassergärten und Biotope am Bergbauernhof in 1.100 bis 1.500 Metern Seehöhe wachsen Obst, Gemüse und vieles andere mehr, was den Lehrbüchern nach in dieser extremen Höhenlage gar nicht mehr gedeihen dürfte.

Man denke in diesem Zusammenhang auch an die Fischteiche mit mehr als 20 Fischarten, die sich bis 1.500 Meter Seehöhe hinaufziehen, viele davon – wie etwa der japanische Koi – sollen angeblich ungeeignet für das Höhen- und Kälteklima dieser Region sein. Auch das Zusammenleben von Hechten, Forellen, Karpfen, Schleien, Saiblingen, Amur und Krebsen in einem Gewässer geht nicht unbedingt mit der Anleitung eines Lehrbuchs über Aqua-Kultur und heimische Fischzucht konform.

Vielfalt am Krameterhof.

Nur im Einklang mit der Natur …

Oben links und rechts: Holzer-Enkerl Anica. Unten links: Holzer-Enkerl Helmut. Unten rechts: Holzer-Enkerln Alina, Elias, Helmut und Anica.

… ist eine lebenswerte Zukunft für unsere Kinder möglich!©

Mühle am Krameterhof.

Wer das Fundament der Familie zerstört,
legt die Axt an die Wurzeln der Gesellschaft.©

Sepp Holzers erfolgreiches Leben ist nur gemeinsam mit seiner Frau, die ihn vorbehaltlos voll unterstützt und mit seinen Kindern, welche mit großem Interesse mitmachen, möglich. Um die administrativen Aufgaben der weltweit stattfindenden Projekte, Seminare, Vorträge und Beratungen in diesem Ausmaß noch bewältigen zu können, sind qualifizierte Mitarbeiter unverzichtbar. Erich Auernig, Sepp Holzers Nachbar, ist seit über 20 Jahren als Facharbeiter am Krameterhof sowie bei In- und Auslandsprojekten tätig. Elisabeth Mohr arbeitet seit vier Jahren am Krameterhof als Sekretärin und bewältigt zu Sepp Holzers vollster Zufriedenheit die Flut von Post- und Büroarbeit sowie den Andrang Tausender Besucher und Anrufer.

Oben links: Veronika Holzer.
Oben rechts: Sepp Holzer mit Tochter Claudia.
Oben rechts, Mitte: Mitarbeiter Erich Auernig.
Oben, rechts unten: Sekretärin Elisabeth Mohr.
Unten: Sepp Holzer mit selbstgezüchtetem Flußkrebs am Krameterhof.

Der Anbau von Wildgetreide unter Nadelbäumen, die Radieschenernte im Dezember, Orchideen oder Maronibäume sind Alltag am Krameterhof. Dazu kommen Kiwis, Wein, Marillen und Pfirsiche – alles und noch mehr wächst auf Holzers Bergbauernhof im Lungau!

Alles klingt einfach, wenn Holzer erklärt: „Man muss nur berücksichtigen, welche Pflanzen und Tiere sich ideal ergänzen und in unserem Ökosystem einen geschlossenen Kreislauf ergeben. Alle Tiere leben am Krameterhof in freier Natur und können ihren natürlichen Gewohnheiten nachgehen. Rehe, Schweine, Hasen, Hühner, Igel, Vögel und sämtliches Kleingetier schlemmen sich täglich durchs Holzer'sche Schlaraffenland, das Angebot ist das ganze Jahr überreich, der Tisch für alle üppig gedeckt."

Oben: Orchideen wachsen nach einem von Sepp Holzer entwickelten Bypass-Verfahren am Krameterhof.
Unten: Getreide gedeiht am Krameterhof von 1.000 bis 1.500 Metern Seehöhe.
Rechte Seite, links oben: Radieschen im Winter am Krameterhof.
Rechte Seite, rechts oben: Sepp Holzer mit Prof. Dr. Bernd Gerken bei der Pflanzenauswahl in Spanien.
Rechte Seite, Mitte rechts und unten links: Feigen und Weintrauben reifen am Krameterhof.

Wer den Rundgang in Holzers Refugium einmal mitgemacht hat, ist begeistert und erfährt am eigenen Leib, was es heißt, mit der Natur im Einklang zu wirtschaften. „Hier bei Sepp Holzer haben wir in einem Monat mehr gelernt als in all den Jahren auf der Uni" sagen Studenten aus aller Welt immer wieder nach Abschluss eines Lehrganges am Krameterhof. Seine Seminare am Krameterhof und im Ausland sind bereits Monate vorher immer ausgebucht. Das Wissen, das der „Agrar-Rebell" an seine Seminarteilnehmer weitergibt, ist von unschätzbarem Wert für die Besucher, die nach einem ereignisreichen Seminartag jedes Mal voller Informationen und mit einer Fülle von Eindrücken und neuen Erfahrungen nach Hause zurückkehren.

Im Rahmen von Seminaren vermittelt Sepp Holzer den Teilnehmern nicht nur theoretische Anwendungsbeispiele, sondern auch naturnahe Praxis, die bei den Führungen durch den „Garten Eden" am Krameterhof zu einem Erlebnis der besonderen Art wird.

Meine Universität ist die Natur!©

Wo immer der „Agrar-Rebell" vorträgt, lehrt, erklärt und über die Probleme diskutiert, die zumeist von den Menschen selbst verursacht werden, hängen die Zuhörer an Holzers Lippen, wenn er wortgewaltig und für jedermann verständlich die Grundlagen der Holzer'schen Permakultur schildert, aber auch die Gründe für seine Erfolge in der Landwirtschaft erklärt. Hobbygärtner, Landwirte, Tierzüchter, Jäger, Großgrundbesitzer und Naturliebhaber besuchen Holzers Seminare in aller Welt, um „ihren Sepp" sehen und ihm zuhören zu können. Er, der nichts behauptet, von dem er nicht in der Lage wäre, es auch zu beweisen, führt am Krameterhof in einer Höhe bis zu 1.500 Metern so ziemlich alles ad absurdum, was als „landwirtschaftliche Grundlagen" in unseren Breiten Geltung hat.

Oben: Florianne Koechlin besuchte als Journalistin mit einem Filmteam im Auftrag des Schweizer Fernsehens den Krameterhof zwecks Produktion eines Dokumentarfilms.
Unten: Ein freundlicher Sepp Holzer beim Gespräch mit Seminarteilnehmern.

Obwohl er durch seinen Ruf als „Legende“ eine ganze Region zum Blühen brachte, wurde er in der eigenen Gemeinde geschmäht und missverstanden, und man wurde nicht müde, Sepp Holzer Stolpersteine bei dessen Bemühungen in den Weg zu legen, wann und wo immer es ging. Und dies, obwohl gerade der „Agrar-Rebell“ den Ort Ramingstein in aller Welt bekannt gemacht hat und zum Synonym für ökologische Landwirtschaft werden ließ.

Wenn ich nur das machen würde, was in landwirtschaftlichen Lehrbüchern steht, müßte ich verhungern. Das Beste ist, man nimmt diese zum Mulchen.©

Seit mehreren Jahrzehnten warnt Sepp Holzer unermüdlich vor Monokulturwirtschaft in der Land- und Forstwirtschaft. Die fast ausschließliche Bepflanzung unserer Wälder mit Fichten – ohne auf die jeweiligen Gegebenheiten vor Ort Rücksicht zu nehmen – könnte den Untergang unserer Wälder in absehbarer Zeit bedeuten. Der Lungau mit seinen vielen kahlrasierten Berghängen ist einer der Beweise dafür.

Während sich beim Anblick des etwa 50 Hektar umfassenden Bergrückens des Krameterhof-Anwesens einem unwillkürlich der Vergleich einer grünen, üppig bewachsenen Oase aufdrängt, präsentieren sich die umliegenden Hänge und Berge des Lungaus kahl und durch Monokulturwirtschaft schwer gezeichnet. Auch davor hatte Sepp Holzer jahrelang gewarnt.

Oben: Laubbäume sind ein unverzichtbarer Bestandteil gesunder Waldkulturen. Mitte: Heimische Forstkultur – Monokultur in Reih und Glied. Unten: Mischwald mit hohem Anteil an Laubbäumen stellt die Grundlage für ein intaktes Waldleben im Einklang mit der Natur dar.
Rechte Seite oben: Die Bergrücken und Hänge des Lungaus rund um den Krameterhof präsentieren sich nach vom Menschen verursachten „Naturkatastrophen" kahlrasiert.
Rechte Seite unten: Die Landschaft des Krameterhofes als grüne Oase im Kontrast zu den umliegenden, fast baumlosen Bergrücken.

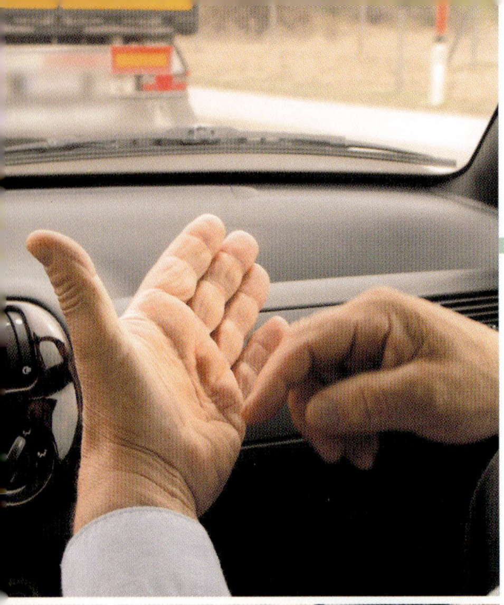

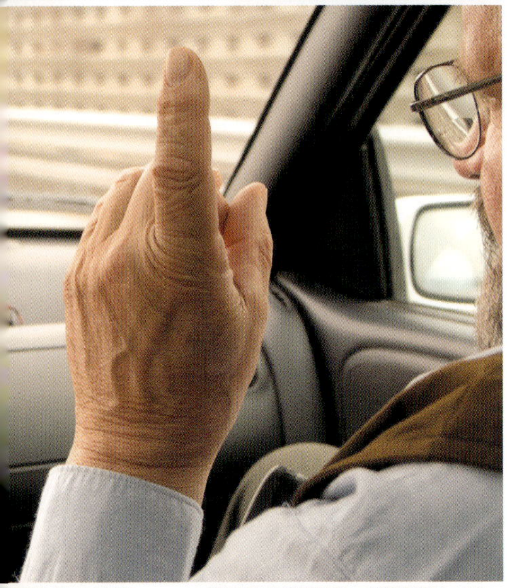

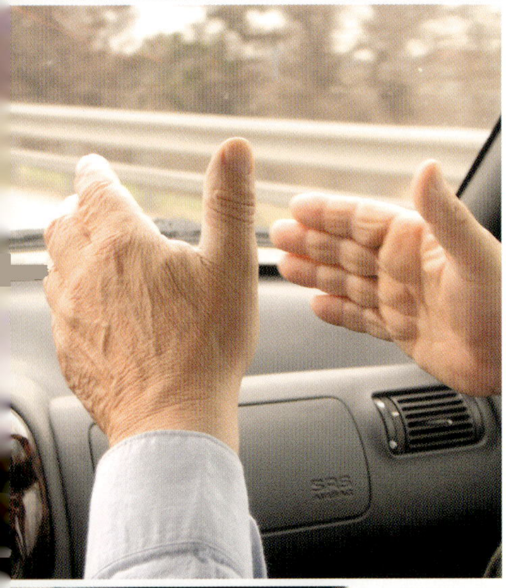

Seine Botschaft vermittelt Sepp Holzers nicht nur durch sein klar und unmissverständlich vorgetragenes Wort, sondern auch und vor allem durch seine Gesten, die jeden Vortrag ausdrucksstark begleiten.

Rund 10.000 Besucher aus aller Welt pilgerten viele Jahre lang jährlich zum Krameterhof; viele Besucher waren bereits zum zweiten, dritten und vierten Male dort und waren jedes Mal aufs Neue von den paradiesischen Zuständen überrascht. Das brachte der Tourismusregion Lungau einen ungeheuren Aufschwung von über 10.000 Nächtigungen pro Jahr, und viele Besucher, die von weit her angereist kamen, nutzten den Besuch bei Holzer gleich zu einigen Tagen Urlaub im Salzburger Land.

Fallstricke und Bürokratie ohne Ende führten dazu, dass Sepp Holzer – der Schikanen müde – im Oktober 2005 die Führungen am Krameterhof für immer einstellte. Damit hatte man weder dem Tourismus der Gemeinde noch vielen Tausenden Naturliebhabern in aller Welt Gutes getan.
Die Neid- und Spaßgesellschaft, uns allen täglich vorexerziert, hat damit wieder einmal ein Beispiel für Dummheit und Ignoranz zum Nachteil aller gesetzt. Die Pensionsinhaber und Gastwirte des Lungaus, von denen sich etliche durch den Neubau von Fremdenzimmern und sonstige Investitionen auf die gute Tourismusfrequenz eingestellt hatten, zahlen die Zeche dieser Willkür.
Dazu stellten die Lungauer Nachrichten unter dem Titel „Katastrophenbilanz Lungau" im September 2006 fest, dass die Tourismuswirtschaft im Lungau in dem Jahr, in dem Sepp Holzer die Pforten für Führungen schloss, eine äußerst negative Bilanz aufzuweisen hatte. Allein in der Gemeinde Ramingstein ergab sich ein Minus von 28,6 Prozent im August 2006.

Autogrammstunde am Krameterhof.

Selbst die weltweit von der Miniermotte häufig befallene Rosskastanie, deren Erkrankung Experten weltweit machtlos gegenüberstehen, weil diese angeblich nicht wirksam bekämpft werden könne, zeigt sich noch im Herbst am Krameterhof dunkelgrün belaubt, ohne jeden kleinsten braunen Fleck. Sepp Holzer bemerkte hierzu: „Die Miniermotte ist genau wie die meisten anderen so genannten ‚Schädlinge' auf Dauer mit Gift nicht in den Griff zu bekommen. Gebt den Kastanien, was der Kastanien ist, nämlich gesunde Böden mit aktivem Bodenleben und Mischkulturen drumherum, statt schlechter Erde, Asphalt und Beton, und die Bäume werden von selbst gesunden!"

Oben: Kastanienbaum im Grazer Stadtpark im Juli. Millionen von Kastanienbäumen in Europa fallen durch falsche Behandlung und Umweltverschmutzung der Miniermotte zum Opfer.
Unten: So sehen gesunde Kastanienbäume im September am Krameterhof aus, die in der Gemeinschaft einer Mischkultur über ein intaktes Bodenleben verfügen und demzufolge nicht mit Chemie gespritzt werden müssen.

Häufig wird Sepp Holzer von Besuchern nach der Begehung des Anwesens mit der Meinung konfrontiert, dass ein Projekt dieser Vielfalt sich eben nicht überall umsetzen ließe. Gerade aber dies ist ein völliger Irrtum. Was am kargen Boden des Krameterhofs in der „kältesten Ecke" Österreichs und in einer Höhe von über 1.000 Metern gedeiht, wächst überall anders mindestens genauso gut.

Auch die Frage „Was wäre, wenn das, was du machst, jeder machen würde?" ist Sepp Holzer gewohnt. Seine Antwort darauf lautet: „Dann könn't ma die goanze Welt dreimal ernährn!" Wie Recht er damit hat!

Meine Universität – die Natur

Sepp Holzer, der selbst nie eine Universität zwecks Studiums besuchen konnte, da dazu weder das Geld im Haushalt der siebenköpfigen Bergbauernfamilie vorhanden war, noch der Sepp als Bub im Arbeitskreislauf des Hofes fehlen durfte, ist beim Studium in und mit der Natur weiter gekommen, als so manch anderer mit zehn oder zwölf Semestern.
Universitätsprofessoren, Mediziner und Biologen verbeugen sich trotzdem oder gerade deshalb vor dem „Unstudierten" in Anerkennung seiner Verdienste um die Erforschung natürlicher Prozesse und Abläufe im Naturgeschehen.

„Um die Natur zu verstehen, ist nicht unbedingt ein Hochschulstudium notwendig", stellt Holzer immer wieder auf seinen Vorträgen fest; doch gerade das macht ihn zum Querdenker für jene Angepassten, die Profit über Naturverständnis stellen oder jene, die meinen, die Schöpfung neu erfinden zu müssen.
So kommt es zur grotesken Situation, dass Sepp Holzer heute – von unzähligen Menschen geliebt und verehrt – von Wirtschaft, Wissenschaft und Politik in Österreich großteils ignoriert und verkannt wird. Und dies, obwohl honorige Persönlichkeiten aus aller Welt sein Können und seine Erfahrung schätzen und ihn rund um den Globus zur Beratung zu sich holen.

Wir aber, die wir ihn und sein unschätzbares Können „vor der Haustüre" hätten, versagen ihm eine Wertschätzung. Sepp Holzer ist der Prophet, der im eigenen Lande nichts gilt; diese Weisheit gilt für jeden Ort der Welt, besonders aber auch für Österreich.

*Wir haben unser Hirn von der Schöpfung bekommen,
um die Natur zu verstehen und sie dementsprechend zu lenken und nicht,
um sie zu bekämpfen, wie es die meisten von uns tun.*©

Sepp Holzer züchtete schottische Hochlandrinder am Krameterhof.

Einer von Holzers guten Freunden, nämlich Professor Bernd Lötsch, Direktor des Naturhistorischen Museums in Wien und ein weltweit anerkannter Ökologe, meinte einmal über den seiner Meinung nach „blitzgescheiten und querköpfigen“ Bergbauern: „Der Sepp ist ein echter Pionier und zeigt uns halt, was in der Landwirtschaft so alles möglich ist. Allein sein Wissen über die wechselseitige Förderung – oder Hemmung – verschiedener Pflanzenarten oder die Abfolge bodenaufbereitender Pioniere bei der Neubesiedelung von Waldschlägen, die Holzer meist mit Lupine, Bärenklau, Enzian, Pfefferminz und Melisse startet, wäre dissertationswürdig.

Ebenso seine Kunstgriffe, mit denen er Igel, Wiesel oder Sperlingskauz fördert, seine Beobachtungen an Waldameisen, seine tiefen Einblicke in das Wasserleben seiner Feuchtbiotope: … alles Fragestellungen, die nur aus dem Leben mit der Natur entspringen, nie aber aus der Sterilatmosphäre eines Labors.“

Rechts oben: Prof. Dr. Bernd Lötsch anlässlich eines Universitätsseminares am Krameterhof. Bis heute wurden bereits sieben Diplomarbeiten über die Wirtschaftsweise Sepp Holzers verfasst.

Kritiker Sepp Holzers – die Neidgesellschaft mbH.

Viele Bezeichnungen, wie zum Beispiel „Sturschädl“, „Revoluzzer“, „Rebell“ oder „Querkopf“, wurden schon mit Blick auf Sepp Holzer verwendet. Wenn man der „bestrafteste Bergbauer Österreichs“ ist und von den Behörden ob seines Wirtschaftens im Einklang mit der Natur am laufenden Band drangsaliert wird, hält man nur durch, wenn man sich „eine raue Schale“ zulegt und gelegentlich über dieses und jenes zu „wettern“ imstande ist.

Dies sind auch die Markenzeichen des Sepp Holzer, der von einer Vielzahl von Fans in ganz Europa darob geliebt und von einer Minderheit an Neidern und Denunzianten deswegen verfemt und verleumdet wird.

Groteskerweise rekrutiert sich die kleine Schar seiner Gegner fast ausschließlich aus Personen, die ihm weder jemals begegnet sind, noch bei ihm am Krameterhof das wahrhafte Paradies an Vielfalt und Fülle erblickt oder aber irgendeines seiner bestens funktionierenden Projekte in aller Welt besichtigt haben – denn dann, ja dann wäre es bald vorbei mit „Hacklschmeißen" und übler Nachrede.
Das möchten aber gerade jene nicht, die sich aufs Wadlbeißen und Querulieren bestens verstehen und ihr eigenes Naturunverständnis durch das Schüren von Neid und Missgunst überspielen möchten – aber auch nicht jene Menschen, denen bereits der Erfolg eines anderen Kopfschmerzen macht und die dem krankhaften Versuch, sich durch Genmanipulation zum Schöpfer aufzuschwingen, nicht widerstehen können. Und schon gar nicht jene, die Sepp Holzer ob ihres frevelhaften, naturwidrigen Treibens zu Recht kritisiert und angeprangert hat.

Links: Sepp Holzer bei einer Seminar- und Beratungstour auf La Palma. Kälber werden dort teilweise mit Fußfesseln gehalten; eine Prozedur, die der „Agrar-Rebell" aufs Schärfste verurteilt.

Jedes Tier mit Würde und Respekt zu behandeln, muss eines unserer obersten Gebote sein!©

Die artgerechte Behandlung von Tieren stellt ein Kernanliegen von Sepp Holzer dar.

Da Sepp Holzer fachlich nicht beizukommen ist, weil er, der die Natur wie kaum ein anderer versteht, sich einfach der Umwelt und Schöpfung gegenüber verpflichtet fühlt und nicht widersinnigen Anordnungen und Gesetzen, die sich gegen die Vernunft und das gesundheitliche Wohl der Menschen richten, Folge leistet, bestraft man ihn mit unsinnigen Verordnungen wie zum Beispiel dem Entfernen von Schwalbennestern aus dem Stall aus „hygienischen Gründen". Gleichzeitig wird das ganze Land durch eine unvorstellbare Verkehrslawine mit Dreck und Feinstaub erstickt, was aus hygienischer Sicht scheinbar unbedenklich ist. Dass Verordnungen wie die obige Holzers Unmut herausfordern, liegt wohl in der Intention einer derartigen Verfügung.

Auch andere Praktiken der „Naturregulierung", wie das Entfernen der Hörner bei Rindern und Ziegen durch Abschneiden, aber auch das Anbringen von Ohrmarken bei Schweinen und Rindern, sind unnatürlich und tierquälerisch. Hörner bei Tieren erfüllen – auch wenn sich dies bisher nicht herumgesprochen haben sollte – genetisch vorgegebene Funktionen, die mit der Rangordnung im Herdenverband, der Bildung von Selbstbewusstsein bei den Tieren, aber auch mit gesundheitlichen Aspekten zu tun haben.

Zudem liegen seit Jahren wissenschaftliche Studien vor, die eine durch die Enthornung bedingte Störung der Milcheiweiß-Synthese belegen, bei der sowohl die Milch als auch die daraus erzeugten Produkte vom Lebensmittel zum Allergen gemacht werden.

Da wird lieber die Milch als ungesund verunglimpft und von deren Genuss als „Allergieauslöser" abgeraten, als den tatsächlichen Ursachen, nämlich der Verfälschung von Lebensmitteln, auf den Grund zu gehen. Da schickt man Menschen wegen angeblicher „Laktoseunverträglichkeit" zum Arzt, die in Wahrheit vielleicht gar keine ist.

Ohrmarken bei Rindern und Schweinen wiederum erhöhen die Infektionsgefahr bei den Tieren und nehmen dem aufmerksamen Landwirt die Möglichkeit, aus der Ohrenstellung seiner Tiere deren Gesundheits- und Gemütszustand abzulesen, wie es früher auf jedem Bauernhof selbstverständlich war. Sepp Holzer widersetzte sich stets Bescheiden, die das Anbringen von Ohrmarken bei Schweinen einforderten. Neben einem beträchtlichen zusätzlichen Arbeitsaufwand, verbunden mit unnötigen Kosten, stellt diese Maßnahme auch einen Akt unnötiger Tierquälerei dar. Nach jahrelangem Behördenstreit und bezahlten Geldstrafen konnte Holzer die „Markenfreiheit" seiner Schweine letztendlich aber doch noch durchsetzen.

Sepp Holzer – der die Natur wie kein anderer versteht

Im Unterschied zu vielen seiner Kritiker hat sich Sepp Holzer ein Leben lang für eine menschenwürdige, artgerechte und ethisch vertretbare Behandlung der Tiere eingesetzt.

Von „besonderem Naturverständnis" zeugt auch, dass man Holzer mehrfach dafür bestrafte, dass er in seinen Wäldern „forstfremde Gehölze", wie Kirschen-, Apfel- und Birnbäume, setzte und damit von Rechts wegen „den Tatbestand der Waldverwüstung" erfüllte. Das Pflanzen von Obstbäumen im Wald erfüllt den Tatbestand „der Waldverwüstung" durch „forstfremde Gehölze", obwohl es Zehntausende von Jahren nie ein derartiges naturwidriges Regulativ gegeben hatte. Immer wieder wurde der „Agrar-Rebell" dafür bestraft.

Früher hatte, was durch Samenflug oder durch Tiere vertragen aufwuchs, in Gottes freier Natur und damit auch im Wald seine Lebensberechtigung. Haben wir das Recht, Naturgesetze zu verändern, die seit Tausenden von Jahren Geltung haben?

Oben: Widernatürliche Massentierhaltung – das Leid der Tiere manifestiert sich in Form von Krankheiten beim Menschen.
Mitte: Glückliche Schweine in Freilandhaltung beim Holzer-Projekt Gudenhof.

Rechts unten: „Spuren des Todes" im Getreidefeld konventionellen Anbaus, der Garaus für unzähliges Kleingetier. Die Giftstoffe der Spritzmittel gelangen ins Grundwasser und über die Pflanzen in unsere Nahrungskette. Damit hat sich der Kreis geschlossen. Links oben: Mischuntersaaten in Getreide-, Mohn- und Maisfeldern aktivieren das Bodenleben und stärken das Immunsystem der Pflanzen. So wird die Nahrung zur Medizin.

Monokulturwirtschaft dagegen, die die wahre Waldverwüstung darstellt, wird hier und da immer noch als Fortschritt gelehrt und gepriesen.

Die Aufzählung jener Mechanismen, die heute zum Schaden von Mensch und Natur angeordnet, verschrieben und exekutiert werden, könnte alleine ein ganzes Buch füllen. Das einer, der sagt, was Sache ist, sich da und dort unbeliebt macht, ist leicht verständlich. Der jahrzehntelange Kampf Sepp Holzers gegen Umweltfrevel und Beamtenwillkür schlug sich in unzähligen Strafbescheiden und Geldstrafen nieder. Was er und seine Frau Veronika in fast vier Jahrzehnten an Willkür und durch Verwaltungsstrafen mitzumachen hatten, geht wahrhaftig „auf keine Kuhhaut".

Dies lässt die Frage nach der Sinnhaftigkeit und Vernunft forstrechtlicher Maßnahmen aufkommen. Wer hat als Mensch darüber zu befinden, was in Gottes freier Natur wachsen „darf"? Ist der Mensch, der den ganzen Planeten Erde durch Umweltzerstörung, Monokulturen, Genmanipulation, Raubbau und Natur-Unverständnis an den Rand eines ökologischen Kollapses gebracht hat, überhaupt befugt, derlei zu befinden und der Natur Fesseln anzulegen?

Vorfälle wie die angeführten, bei denen das Recht der Vernunft immer auf Sepp Holzers Seite war, brachten ihm letztendlich auch den Ruf eines „Agrar-Rebellen" ein. „Es ist traurig, dass es überhaupt nötig ist, ein Rebell zu werden, um einen Bauernhof im Einklang mit der Natur bewirtschaften zu können", meint Sepp Holzer heute, auf seinen Beinamen angesprochen. Bestraft wurde er stets dafür, nicht „wider die Natur" gearbeitet oder gesetzlichen Auflagen, die einer artgerechten Tierhaltung oder dem Verständnis für Naturnähe widersprechen, nicht entsprochen zu haben.

Getreidefelder der Sorten Urkorn, Emma, Einkorn und Dinkel mit Untersaat gedeihen am Krameterhof in 1.450 Metern Seehöhe.

In den USA lautet die Reaktion auf Menschen, die Ungewöhnliches leisten und neue, positive Projekte ins Leben rufen: „Das mach' ich auch." Die US-Amerikaner versuchen jeden, der erfolgreich Neues bewegt, zu kopieren. In Österreich hingegen lautet die Reaktion: „Des wüll i net." Sprich: Wenn jemand erfolgreich agiert, versucht man, ihm den Erfolg abzusprechen oder ihn gar zu bekämpfen, aus welchen Motiven auch immer.
Ähnliches geschah im Falle von Sepp Holzers Burgenland-Projekt, das ohne jede Art von seriöser Recherche von verschiedenen Medien und Neidern gerne dazu verwendet wird, Sepp Holzers Kompetenz in Frage zu stellen. Doch auch dazu wird in diesem Buch weiter hinten noch Klartext geredet werden.

Erfolg wird immer vom Neid mißgünstiger Menschen begleitet!©

Sepp Holzers Inlandsprojekte

Holzers österreichische Projekte sind teilweise einzigartige Pilotprojekte, bei denen nicht nur die Natur wiederbelebt wird, sondern auch Beispiele für all jene, die sich in einer zunehmend natur- und umweltfeindlich entwickelnden Welt unabhängig von Konsumzwängen und denaturierter Nahrung machen wollen. Sepp Holzers Beratung erfolgt immer im Konsens mit den zukünftigen Bewirtschaftern und Besitzern der jeweiligen Anlage, was im Prinzip bei gutem Willen der Partner auch immer funktioniert.

Trittbrettfahrer und Personen, die die Popularität eines Pioniers ausnützen und versuchen, durch Verleumdungen, Diffamierungen und ungerechtfertigte Forderungen die eigene wirtschaftliche Misere zu verbessern, wird es immer geben. Tatsache ist, dass Sepp Holzers Projekte allesamt dann erfolgreich, und zwar über die Maßen erfolgreich sind, wenn die von Holzer Beratenen dessen Anweisungen Folge leisten und mit dem notwendigen Verständnis für die Natur und Umwelt in die Tat umsetzen.

Lässt jemand allerdings ein Anwesen mit oder ohne Beratung verwahrlosen, wird dieses in jedem Falle zur ungepflegten Agrarlandschaft.

Auch die Zusammenführung von Generationen im Gemeinschaftsverband der Familie erfährt durch Sepp Holzer – wie etwa beim Projekt „BERTA" in Bad Aussee – eine Renaissance. Damit schließt sich der natürliche Kreislauf eines früheren, allerorts natürlichen und traditionellen Familienverbands, in dem jeder von jedem profitiert.
Sepp Holzers treffender Kommentar dazu: „Großeltern, Eltern und Kinder können heute ohne weiteres konfliktfrei im Familienverband leben, in einer Gemeinschaft, bei der die ‚Alten' nicht ins Altersheim abgeschoben werden müssen, wo sie sich dann ‚zu Tode langweilen', die Kinder von ihrer Erfahrung und Weisheit profitieren können und die Enkerln – ohne Tagesmütter und Heime in Anspruch nehmen zu müssen – von den Großeltern betreut werden können.
Somit ist auch die Gefahr geringer, dass die Kinder – wie heute allgemein üblich – durch stundenlangen täglichen Fernsehkonsum der Natur völlig entfremdet werden."

Oben: Sepp Holzer – der Schirmherr des Sozialprojekts BERTA in Bad Aussee.

Links: Das Holzer-Sozialprojekt BERTA in Bad Aussee.

Das Gudenhof-Projekt – Daniela und Georg Zorn/Holzer'sche Permakultur in Schottwien

Unsere Erfahrungen mit der Holzer'schen Permakultur

Dank der Hilfe von Sepp Holzer ist es uns, der Familie Zorn aus Wien, zusammen mit drei Kindern, zwei Katzen und zwei Hunden, ohne jede Erfahrung in der Landwirtschaft gelungen, auf einem Grundstück in Hanglage, bestehend aus 3 Hektar Wiesen und 2 Hektar Wald, innerhalb weniger Jahre ein kleines Paradies zu schaffen, das von Besuchern und Seminargästen aus dem In- und Ausland bewundert wird.
In den vergangenen Jahren haben sich auch unsere im Freien gehaltenen Schweine reichlich vermehrt. Damit sind wir in der glücklichen Lage, den eigenen Schweinebraten und weitere kulinarische Köstlichkeiten genießen zu können.

Linke Seite: Der Gudenhof in Maria Schutz am Semmering.
Unten: Daniela Zorn mit Sepp Holzer.

In den Pflanzgemeinschaften von Obstbäumen, Gemüse- und Beerensträuchern, Heilkräutern und Blumen kann man die Gesundheit, die Kraft und das Wohlbefinden der Pflanzen erkennen. Und genauso ergeht es uns: Wenn wir gestresst und ausgelaugt vom hektischen Stadtleben durch unseren Lebensgarten spazieren oder auch dort arbeiten, sind wir wieder in der Lage, viel an Kraft und positiver Energie in uns aufnehmen, die uns sehr weiterhilft.

Wir hoffen, dass auch viele andere Menschen diese Möglichkeit ergreifen, sich einen solchen „Lebensgarten" zu schaffen, um im Einklang mit der Natur glücklich und zufrieden leben zu können.

Linke Seite: Fülle und Vielfalt am Gudenhof.
Rechte Seite, links oben: Tier- und Pflanzenparadies Gudenhof; links unten: Händische Kornernte mit Kornmandln am Gudenhof; rechts unten: Georg Zorn bei der Kornmahd.

Die Fotos vom Gudenhof wurden uns freundlicherweise von der Familie Zorn zur Verfügung gestellt.

Die Natur ist einfach und perfekt
und benötigt keine Korrektur.©

Mitte: Buschenschank „Die Einkehr".
Unten: Wassergarten.

Holzer'sche Permakultur als Sozialprojekt in Bad Aussee

Die erste rollstuhlgerechte Holzer'sche Permakultur Europas unter der Patronanz von „Agrarrebell" Sepp Holzer entstand in Bad Aussee in der Steiermark.
Die Lebenshilfe Ausseerland nennt diese Therapieanlage für ihre Klienten, die dort übrigens „Mitarbeiter" heißen, schlicht „Paradies". Und das wird jetzt noch einmal überboten, und zwar in Form einer Oase. Unter diesem Namen entstehen nämlich zwölf barrierefreie Appartements, in denen behinderte Menschen mit ihren Familien Urlaub machen können. „Auch die Betreuung kann dabei gleich mitgebucht werden, das ist wirklich ein neuer Ansatz und ein visionäres Projekt", erklärte Hans-Martin Rastl, Obmann-Stellvertreter der Lebenshilfe beim offiziellen Spatenstich.

Im August 2007 soll eine Appartementanlage, die terrassenförmig auf dem 16.000 Quadratmeter großen Grundstück „Berta" in Obertressen errichtet wird, in Betrieb gehen. Auch ein so genanntes „Berta-Café" – der Name kommt übrigens von der bereits verstorbenen Berta Köberl, die ihr Grundstück der Lebenshilfe geschenkt und damit den Grundstein sowohl für das Paradies als auch die Oase gelegt hat – ist in weiterer Folge geplant.

In der bereits bestehenden Holzer'schen Permakultur wird derzeit ein knappes Dutzend Personen der Lebenshilfe beschäftigt. Auch eine Buschenschank wird – von Freitag bis Sonntag, jeweils von 16 bis 21 Uhr – betrieben. Beim Projekt „BERTA" der Lebenshilfe Bad Aussee geht es zusätzlich darum, Menschen mit individuellen Bedürfnissen eine Integration der besonderen Art zu ermöglichen und durch gezielte Maßnahmen zu einer effizienten Entlastung von Familien mit behinderten Angehörigen beizutragen.

Sepp Holzer war damit nicht nur der Ideengeber für die erste „rollstuhlgerechte Holzer'sche Permakultur", er hat auch wesentlich zum guten Gelingen der gesamten Anlage beigetragen und seine Dienste dabei immer wieder unentgeltlich zur Verfügung gestellt.
Die behinderten Mitmenschen wurden von Beginn an in das Projekt miteinbezogen und in die Arbeiten bei der Bepflanzung diverser Teilbereiche, beim Wegbau und der Gestaltung von Wohlfühlbereichen integriert.

Das Visionäre und das ganz Besondere daran: Nicht nur die meisten Grünanlagen und Kulturen sind rollstuhlgerecht erreichbar, es werden auch Bereiche der Bearbeitung, wie das Bepflanzen und Ernten (zum Beispiel von Hochbeeten) vom Rollstuhl aus, ermöglicht werden.

Die „Mannschaft" des Erholungsparadieses BERTA in Bad Aussee mit Roland Kalss (zweiter von links) und ihrem Schirmherrn Sepp Holzer. Unten: Mitarbeiter des Projekts BERTA beim Pflegen und Füttern der Tiere. Koi-Karpfen sind nicht nur bunt, sie werden zahm, fressen aus der Hand und können somit für Therapiezwecke eingesetzt werden.

Oben: Wassergarten.
Mitte: Kräuterspirale
Unten: Klimagarten mit „Einkehr".

Das Bad Ausseer „Paradies" im Detail

Klimagarten

Der „Klimagarten" spiegelt insbesondere den visionären Charakter der Gesamtanlage wider. In diesem werden unter anderem auch nichtheimische Pflanzen und Gehölze in diversen Versuchsreihen gezogen. Durch die besondere bauliche Gestaltung der terrassierten und witterungsgeschützten Gartenanlage sowie durch die gezielte Anordnung massiver Speicherkörper wird die Jahresdurchschnittstemperatur in diesem Bereich angehoben und damit die Grundlage für den Anbau von Wein, Feigen, Kiwis, Indianerbananen und andere exotische Pflanzen geschaffen. Zwei kleine Teiche sorgen für die notwendige Feuchtigkeit und bieten Lebensraum für Tiere und Wasserpflanzen.

Wassergarten

Dieser Bereich soll behinderten Mitmenschen das Medium Wasser mit all seinen pflanzlichen und tierischen Bewohnern näher bringen. Ebenfalls soll unter Bedacht einer funktionierenden Fauna und Flora Fischzucht betrieben werden. Der Pavillon soll als Treffpunkt des „Miteinanders" dienen und beinhaltet außerdem eine Wasserbelebungsanlage.

Sinnesgarten

Die besondere Auswahl bei Pflanzen und Baustoffen sollen die Sinne des Besuchers ansprechen. Dieser Gartenteil wird somit zum Beispiel besonders duftende Kräuter und wohlschmeckende Beerenfrüchte für Geruchs- und Geschmackssinn enthalten. Dem Auge werden intensiv leuchtende Blüten und spezielle Blickfänge den Weg durch das Labyrinth weisen. Der Tastsinn wird durch die Wahl spezieller Materialien aus der Natur (Steine, Holz, Wasser) inspiriert.

Mitte: Steinarena.
Unten: Wassergarten.

Motorikgarten

In diesem Teilbereich soll insbesondere der Bewegungsapparat des Besuchers angeregt werden. So werden durch natürliche Hilfsmittel (unterschiedliche Steinformationen und Holzbauten) der Gleichgewichtssinn, Koordination und Feinmotorik gleichermaßen geschult.

Verweilplatz und Steinarena

Dieser Bereich soll dem „Seelenleben" der Besucher gewidmet sein und durch die sorgfältige Auswahl natürlich vorhandener positiver Schwingung zum Verweilen anregen. Während der „Verweilplatz" unter anderem dem leiblichen Wohl („Essen im Grünen", Picknick) dient, wird die Steinarena Treffpunkt in kultureller Hinsicht werden. Musik und Lyrik sollen hier ihren Platz finden.

Nach der Umsetzung des gesamten Projektes wird auch der Idee seines Schirmherrn Sepp Holzer entsprochen worden sein, nämlich alle Grenzen zwischen den verschiedenen Bevölkerungsgruppen nachhaltig aufzulösen.
Mit der Umsetzung der „OASE" wird es einer Vielzahl von Menschen möglich sein, diese Erfahrung zu machen: sei es durch Verfolgung gemeinsamer Ziele, durch spezielle Seminare, durch entsprechende Beschäftigung oder lediglich durch einen Aufenthalt oder Urlaub im Projekt „BERTA".

In diversen Schul- und Lehrprojekten wird es Kindern, Jugendlichen und auch unseren behinderten Mitmenschen ermöglicht werden, am Wissen und an der Weisheit älterer Menschen zu partizipieren. „Altwerden" in unserer Gesellschaft erhält damit einen neuen Stellenwert. Durch gemeinsames Handeln und Schaffen werden bestehende Schwellenängste und Grenzen verwischt und niemand ausgeschlossen.

Als Projektträger ist die Lebenshilfe Ausseerland stolz und glücklich, mit ihrem Schirmherrn Sepp Holzer bereits die ersten Schritte in die richtige Richtung eines ausgewogenen und gefühlvollen Miteinanders gesetzt zu haben.

Oben: Wassergarten.
Mitte: Eines der Tiere beim Projekt BERTA.
Unten: Gemüsegarten mit Hügelbeeten.

Wirtshaus Jagawirt

Das Holzer'sche Permakultur-Projekt „Jagawirt" am Reinischkogel

Als Mentor und Berater eines Naturerlebnisgartens beim Jagawirt, gelegen an der weststeirischen Weinstrasse, der „Steirischen Toskana", war Sepp Holzer 2006 auf dem Reinischkogel in beratender Funktion tätig. Dieser ging ein Seminar in Ramingstein voraus, bei denen sich der Jagawirt mit einer Reihe von Bekannten am Krameterhof umsah, um die Erfahrungen in eigene Projekte einfließen lassen zu können.

Vielfalt statt Einfalt …©

Jagawirt Werner Goach mit Sepp Holzer.

Gestaltung der Anlage am Reinischkogel

Das Projekt beim Jagawirt am Reinischkogel, ein nach Holzer'schen Gesichtspunkten angelegtes Permakultur-Projekt, wurde innerhalb weniger Monate fertig gestellt und umfasst eine Hügel-Hochbeetanlage für Mischkulturen, Freilandhaltung verschiedener (zum Teil vom Aussterben bedrohter) Schweinerassen, wie zum Beispiel Duroc, Mangalitza, Turopolje und Schwäbisch Hällische, einen Original-Erdstall „Marke Sepp Holzer" sowie Waldschweine, die in ihrem natürlichen Lebensraum, dem Wald, gehalten werden. Jagawirt Werner Goach, seit jeher von Pioniergeist erfüllt, hält seit über 15 Jahren Schweine in Freiheit, die Sommer und Winter ihren natürlichen, genetisch verankerten Bedürfnissen, wie zum Beispiel in der Erde zu wühlen, zu suhlen und in der Rangordnung des Herdenverbandes zu leben, nachkommen können.
Sepp Holzers Empfehlung: Je nach Nahrungsangebot können 3–5 Schweine per Hektar in Koppelwirtschaft gehalten werden.

Linke Seite, links oben: Werner Goach mit Richard Zotter; rechts: Projektleiter Peter Steffen legt selbst Hand an.
Linke Seite, Mitte links: Jagawirt-Hund „Pauli"; rechts: Maria Goach, die Mutter des Jagawirts Werner Goach.
Linke Seite, unten links: Freilaufschweine beim Jagawirt; rechts: Sepp Holzer.
Rechte Seite unten: Erdstall nach Sepp Holzer; rechts oben: Waldschweine und Freilaufschweine der Rassen Turoc, Mangalitza, Turopolje und Schwäbisch Hällisch.

Oben und Mitte: Riesenertrag bei allen Gemüsesorten.
Unten: Die Hügelbeetanlage am Reinischkogel lockt durch ihre Fülle und Vielfalt jedes Wochenende Hunderte Besucher an.

In weiterer Folge entsteht ein „Vulkanbeet", eine – landwirtschaftlich gesehen – völlige Neuheit, die in Bezug auf Sonnenenergie und Feuchtigkeitsspeicher neue Maßstäbe setzt und ungeahnte Dimensionen für den Garten- und Gemüseanbau eröffnet.

Die dem Projekt zugrunde liegenden Überlegungen besagen, dass sich alle Teile des Projekts gegenseitig ergänzen und ursächlich miteinander verbunden sind, indem die Bereiche Naturnähe, Umweltbewusstsein, biologische Landwirtschaft, Tierwelt, Aqua-Kultur, Ernährung und Lebensmittel mit in das Projekt einfließen.

Bereits vier Monate nach Beginn des ersten Abschnittes, der insgesamt acht Hügelbeete, ein Vulkanbeet und einen Erdstall „Marke Sepp Holzer"

umfasste, präsentiert Projektleiter Peter Steffen den offensichtlichen, überwältigenden Erfolg der Anlage: Die Hügelbeete „quellen" geradezu vor Gemüse über, sehr zur Freude der in unmittelbarer Nähe gehaltenen Freilauf-Schweine, die jeden Tag den Überschuss in Form von mehreren Schubkarren Frischgemüse zum Verzehr erhalten.

Mehr als 20 Paradeisarten, unzählige Sorten von Gemüse, aber auch exotischere Gemüsesorten, wie zum Beispiel Topinambur, Fenchel oder Mariendistel und eine Vielzahl an Gewürzkräutern, beleben die Speisekarte des Jagawirts. Sehr zur Freude der Gäste, die frisch zubereitetes Gemüse über alles schätzen und sich über besondere kulinarische Leckerbissen wie Mangold-Rouladen oder eine Mangold-Torte freuen können.

Rechts unten: Die Kräuterspirale beim Jagawirt.

Auslandsprojekte und Prominenz

Sepp Holzer als „Agrar-Feuerwehr“ wird bei Problemen immer öfter auch international in verschiedenste Regionen der Erde gerufen, wo man seine großen Kenntnisse um die Vorgänge in der Natur, sein fachkundiges Urteil und seine rasche Art, Probleme lösen zu können, überaus zu schätzen weiß. Sehr oft kommt er dabei an Schauplätze, an denen bereits ohne Naturverständnis und Sachkenntnis dilettantische Versuche unternommen wurden, die Natur auf irgendeine Art und Weise zu „reparieren“.

Holzer spart in diesen Fällen weder mit harschen Worten noch mit herber Kritik. Bauern, Landwirtschaftsexperten, Professoren und Wissenschafter müssen dabei oft zur Kenntnis nehmen, dass der von ihnen eingeschlagene Weg Natur und Umwelt zum Nachteil gereicht und sind Holzers fachkundiger Kritik bzw. seinem Sachverständnis zumeist aufgeschlossen.

Linke Seite, links oben: Norwegen-Projekt, Mitte: Reinhold Messner mit Sepp Holzer am Krameterhof im Herbst 2006 bei Filmaufnahmen dreier Fernsehgesellschaften zu „Messners Alpen“; rechts: Schottland-Projekt. Linke Seite, Mitte links: Prinzessin Nora von Liechtenstein; rechts: Spanien-Projekt – Seenlandschaft.
Linke Seite, unten links: Projekt Jordanien, Mitte: Bananenplantage in Argentinien: rechts: Argentinien-Projekt.
Rechte Seite unten: Almaz Böhm mit Sepp Holzer am Krameterhof.

Projekt in Extremadura/Spanien

Jüngst zur Beratung einiger Gemeinden nach Spanien gerufen, um den Untergang der dort zahlreich vorkommenden Steineichen zu verhindern, bot sich Holzer das Bild einer bedenklichen ökologischen Entwicklung. Auf Tausende Hektar großen, von mehrhundertjährigen Steineichen bewachsenen Weideflächen übernutzen zigtausende Schafe den Boden, sodass das Regenwasser nicht mehr in den Boden eindringen kann und abrinnt.

Bei der Begehung der Weiden und Sichtung der bedrohten Eichenbestände im Beisein der Grundbesitzer erfuhr Sepp Holzer, dass unter anderem eine Viruserkrankung die Ursache des bedrohlichen Baumsterbens sein sollt. Eine Behauptung, die Sepp Holzer nach einem ausführlichen Lokalaugenschein als nicht richtig bezeichnete.

Linke Seite, links oben: Prinzessin Nora von Liechtenstein mit Sepp Holzer.
Linke Seite, Mitte links: Die Finca der Prinzessin Nora von Liechtenstein; rechts: Olivenplantagen in Monokultur als Negativbeispiel.
Linke Seite unten: Kornfelder zwischen den bis zu tausendjährigen Steineichenbeständen.
Rechte Seite: Viele der Steineichen ragen nach dem Absterben nur mehr als Mahnmal gegen den Himmel.

SONY
Digital BETACAM

Das Problem

Das Steineichensterben in Spanien beruht nach Meinung Sepp Holzers auf mehreren Ursachen: Einmal auf der totalen Übernutzung der Weideflächen durch Schafe und Rinder, die den Boden verdichtet und für das Niederschlagswasser undurchdringlich macht. Die Speicherwirkung des Bodens geht verloren, das Wasser rinnt ab, der Boden trocknet aus. Zum anderen führt der traditionelle, regelmäßig durchgeführte Baumschnitt, bei dem teilweise oberschenkeldicke Äste abgeschnitten werden, zu einer Pilzerkrankung der Schnittstellen, die nicht mehr ausheilen können und nach innen ausfaulen.

Linke Seite, links oben: Absterbende Steineiche; rechts: Sepp Holzer beim Untersuchen der Bäume.
Linke Seite, Mitte links: Kameramann Peter Giczy. Linke Seite unten: Auch Spinnen – in diesem Fall Nützlinge – siedeln sich in den hohlen Bäumen an;
rechts: Der Journalist und Autor Peter Steffen bei der Dokumentation des Spanien-Projekts bzw. Regiearbeiten.
Rechte Seite oben: Problemzonen der Steineichen; Mitte: Überweidung der Grundflächen durch Rinder; unten: Filmaufnahmen bei der Errichtung der Hügelbeete durch den Schreitbagger.

In weiterer Folge werden die Bäume von einem Schwarzkäfer namens Zophobas und dessen weiße Raupen, groß wie Engerlinge, in Unmengen besiedelt. Sie fressen das Mark im Inneren der Bäume buchstäblich bis zum Boden hinunter auf. Viele Bäume stehen heute daher nur mehr „auf ihrer Rinde" und brechen nach und nach zusammen. In der Folge besiedelten zusätzlich Ameisenkolonien die hohlen Stämme und machten den Bäumen den Garaus.

Oben: Steineichel beim Keimen.
Unten: Wildschweine sorgen durch Wühlen für eine Verwundung des Bodens und schaffen damit die Möglichkeit, das die Eichenkeimlinge im Boden anwurzeln können.

Linke und rechte Seite unten: Die Problematik des Steineichensterbens: Entasten der Bäume, Larven des Zophobas und Ameisenbefall, der die Stämme aushöhlt und durchlöchert.

Sepp Holzers Maßnahmen:

• Einstellung oder Reduzierung der Beweidung der Flächen, sodass keine weiteren Schäden mehr durch Überweidung entstehen können. Dadurch kann bei den Steineichen auch wieder eine Verjüngung durch Wurzeltriebe erfolgen.

• Aussäen von Mischkulturen mit einer Vielfalt an Klee, Salaten, Hülsenfrüchten und Wurzelgemüse.

• „Verwundung“ des Bodens zwischen den kranken Eichen mittels Kultivator, um vermehrt Eichelfrüchte in den Boden einarbeiten zu können und um die absterbenden Bäume in den nächsten fünf bis zehn Jahren rechtzeitig durch junge ersetzen können. Später sollen die Wildschweine diese Aufgabe übernehmen.

Linke Seite, links oben: Prof. Georg Gaupp mit seiner Gattin Anne-Marie und Sepp Holzer.
Linke Seite, links unten, und rechte Seite unten: Wo noch vor wenigen Jahren Dürre und Wasserknappheit herrschte, beleben heute 15 Seen mit über 30 ha Wasserfläche die Landschaft.
Linke Seite, rechts oben: Sepp Holzer beim Bepflanzen des Wassergartens.
Linke Seite, rechts unten: Mischsaaten zwischen den Steineichen verbessern das Bodenleben.
Rechte Seite, rechts oben: Prinzessin Nora von Liechtenstein.

Das Projekt der 15 Seen

Sepp Holzers weitere Idee, den gesamten Jahresniederschlag durch natürlich angelegte und perfekt in die Landschaft integrierte Seen, die als Retensionsbecken fungieren, aufzufangen, erbrachte nicht nur eine Rückkehr unzähliger Wasservögel und anderer Tiere, sondern verwandelte den ganzen Besitz in eine grüne Oase. 15 Seen, bis zu 12 Meter tief, fügen sich in das natürliche Landschaftsbild ein, ohne dass erkennbar wird, dass es hier nie zuvor Wasserflächen dieser Größe gab. Ihnen kommt die wichtige Funktion von Rückhaltebecken zu, die den jährlichen Niederschlag, der bisher ungenützt abfloss, aufbewahren und nutzen soll. Der Haupteffekt beruht in der Verbesserung des Wasserhaushaltes in der gesamten Region. Der relativ sandige Boden wird vom Wasser großflächig durchtränkt, es kommt zu vermehrtem Morgentau, der verdunstet und zusätzliche Niederschlagsmengen ergibt.

Oben: Sepp Holzer mit einer überreichen Ernte an Topinambur.
Unten: Einer der 15 neu angelegten Seen, die bis zu 12 Meter tief sind und ein Eldorado für alle Wasservögel darstellen.
Rechte Seite, oben links: Eine Unzahl von Störchen, Kranichen und Reihern bevölkern jetzt wieder die Region.

Wasser ist Leben und Kapital!©

Demzufolge wächst heute dort, wo vor zwei Jahren großteils nur mehr Zähgräser existieren konnten, Gemüse aller Art, Rüben, Salate, Radieschen, Möhren und andere Gemüsesorten, die die Finca der Prinzessin und ihre zahlreichen Gäste (bei Exkursionen von Professoren und Studenten aus Madrid) mit vitaminreicher Kost versorgen.

Durch die üppige Vegetation auf den Grundflächen bevölkern heute wieder vermehrt Rehe, Rotwild, Wildschweine, Hasen, eine Vielzahl an Kleingetier sowie verschiedene Libellenarten und jede Menge Singvögel das Areal. Nach zwei Jahren Beratung durch „Agrar-Rebell" Sepp Holzer und mehrmaligen, wochenlangen Aufenthalten Holzers in Spanien, kehren zusehends paradiesische Zustände in die Landschaft ein. Eine Seelandschaft von rund 30 Hektar Wasserfläche wurde mit Fischen besetzt und ist Anziehungspunkt Tausender Wasservögel und großen Schwärmen von Wasserläufern, Reihern oder Störchen.

Linke Seite: Statt verdorrter Böden mit Zehgräsern beleben heute weite Wasserflächen Flora und Fauna in Extremadura.
Rechts oben: Prof. Inigo Alvarez de Toledo mit Studenten beim Projekt in Extremadura.
Rechts Mitte: Prof. Bernd Gerken mit Sepp Holzer.
Rechts unten links: Prinzessin Nora von Liechtenstein mit Sepp Holzer.
Rechts unten rechts: Erdbeerbaum.

Sollten Sepp Holzers Maßnahmen im restlichen Spanien, wo die Steineichen – die einen großen Prozentsatz des Baumbestands der iberischen Halbinsel ausmachen – zum Absterben verurteilt sind, nicht Schule machen, wird Spanien in wenigen Jahrzehnten, nicht zuletzt durch die derzeitige Klimasituation, eine zunehmende Versteppung und eine weitere Austrocknung des Landes mit katastrophalen ökologischen Folgen erleben.

Links: Viele Gegenden Spaniens gleichen heute bereits öden, baumlosen Wüsten mit verdorrter Vegetation, in der nicht einmal mehr Schafe ihr Auslangen finden.
Unten: Biotop mit Laubengarten, sechs Monate nach deren Anlage.
Rechte Seite: Durch die Anlage großzügiger Retensionsseen werden die Steineichen wieder ausreichend mit Wasser versorgt und die überweideten Böden regeneriert.

Linke Seite: Einer der fünfzehn von Sepp Holzer angelegten Seen in Extremadura.
Rechte Seite, links oben: Hund „Candi" ist immer mit dabei.
Rechte Seite, rechts oben: Dipl.-Ing. Klaudia Kaufmann dokumentierte das Spanien-Projekt.
Rechte Seite, links Mitte: Prof. Inigo Alvarez de Toledo beim Bepflanzen der Seeanlagen; rechts Mitte: Holzer-Mitarbeiter Erich Auernig.
Rechte Seite, links unten: Javier und Gloria Mejia mit Tochter Lina (Personal der Finca) und mit Praktikantin Miriam Shabafrouz; rechts unten: Obstbäume vor der Auspflanzung auf Hügelbeete.

Biobauernhof-Projekt Norwegen

Auf den „Sunnmorsalpen“, in der Nähe der norwegischen Stadt Stranda, etwa 50 km vom Atlantik entfernt, liegt der Hof von Steffen Haeger, der dort seit 2002 mit seiner Familie einen Biobauernhof bewirtschaftet. Der bis zum Jahr 2000 in Deutschland wirtschaftende Kleinunternehmer Haeger geriet durch die schlechte Wirtschaftslage und die sich häufenden Zahlungsausfälle von Kunden immer mehr unter Druck.

Damals sagte ihm eine innere Stimme, er müsse sein Leben verändern, woraufhin er Ende 2002 sein Hab und Gut packte, um in Norwegen einen Neubeginn zu wagen. Auf Grund des dortigen eintönigen Angebots an Nahrungsmitteln wurden der Kauf und die Bewirtschaftung eines eigenen kleinen Bauernhofes zur Sicherstellung der Selbstversorgung mit gehaltvollen Lebensmitteln beschlossen. Etwa in dieser Zeit fiel Steffen Haeger das erste Buch Sepp Holzers, nämlich „Der Agrar-Rebell“, in die Hände, und er war vom ersten Moment an davon begeistert.

Bevor es zum ersten Kontakt zwischen Holzer und der Familie Haeger kam, brach allerdings eine gesundheitliche Katastrophe über den fürsorglichen Familienvater herein. Die Diagnose Nierenkrebs brachte nicht nur Steffen Haeger, sondern auch seiner Familie viel an Schatten, gleichzeitig aber auch Licht, und zwar in Form einer Erkenntnis. Bereits vier Monate nach Haegers Operation wurde der Entschluss, in Hinkunft nur mehr im Einklang mit der Natur zu leben, durch den Kauf des Hofes auf den Sunnmorsalpen endgültig besiegelt.

Der Hof der Haegers, mit rund 14 Hektar ein eher kleines Anwesen, wurde im Frühjahr 2007 von Sepp Holzer besichtigt, ein Beratungsobjektplan erstellt und das Gelände ökologisch nachhaltig und wirtschaftlich genutzt werden. Der geringe Durchschnitt der Jahrestemperatur von nur plus/minus 5 Grad Celsius und große Mengen an Niederschlag schaffen ideale Voraussetzungen für eine Vielfalt an Erträgen im Gemüse- und Obstanbau.

Auch an die Haltung von Vieh auf den eher steinigen, aber mit vielfältigen Gräsern bewachsenen Weiden ist gedacht. Da derzeit nur etwa 0,6 Prozent des gesamten Fleischaufkommens aus biologischer Haltung stammen, haben die Norweger kaum Gelegenheit, sich in dieser Hinsicht gesund zu ernähren. Geplant ist unter anderem auch, Bauern umliegender Höfe von der Notwendigkeit ökologischen Anbaus und artgerechter Tierhaltung zu überzeugen, um so ein Umdenken, wenigstens in einigen Regionen Norwegens, herbeizuführen. „Agrar-Rebell" Sepp Holzer wird dabei mit seinen Ideen, Vorträgen und Seminaren bei den Einheimischen ein wichtiger Partner der Familie Haeger im Kampf gegen Monokulturen und Umweltzerstörung sein.

Pionier-Großprojekt im schottischen Hochland auf den Besitztümern der Familie Langes-Swarovski

Im Hochland Schottlands, wo in den letzten hundert Jahren nur mehr Heidekraut als Schafweide gedieh, wächst heute Getreide, obwohl der Boden extrem sauer ist. Der einstige üppige Waldbestand, dem Schiffsbau zuliebe fast gänzlich abgeholzt, soll wiedererstehen, wenn es nach Gernot Langes-Swarovski und Sepp Holzer geht.

Statt Heidekraut wachsen heute im schottischen Hochland dank Sepp Holzer wieder Obstbäume, Getreide, Digitalis und vieles mehr.

Denn das Wort „unmöglich“ gibt es für den „Agrar-Rebellen“ Sepp Holzer nicht. Er macht den Erfolg eines Experiments mit Pflanzen, einer Anbaumethode oder Züchtung davon abhängig, wie sehr man sich dabei mit den Vorgängen und Eigenheiten der betreffenden Pflanzen und ihres Lebensraumes befasst. Generationenlang hat es in diesem Teil Schottlands nie eine andere Bewirtschaftung gegeben. Die Weideflächen dienen der Schafzucht; die Einheimischen stehen Holzers Plänen, die viele Hunderte von Hektar großen Weideflächen mit neuem Waldbestand und kornschweren Äckern zu versehen, skeptisch gegenüber. Verschiedene Getreidesorten sollen hier angebaut werden, niemand in der Bevölkerung kann sich an Derartiges mehr erinnern. Der Boden mit einem pH-Wert von 4–5 scheint dafür völlig ungeeignet; das aber lässt Sepp Holzer nicht gelten; er sieht sich herausgefordert, den Gegenbeweis anzutreten. Gepflügt und geeggt ist schnell, und als Holzer mit der Aussaat beginnt, schauen unzählige Einwohner fassungslos zu.

Ein Jahr später treffen Fotos der Anbauflächen und ein Bericht der Besitzer aus Schottland am Krameterhof ein. Urkorn (eine Weizenart) und Roggen sind mittlerweile auf zwei bis zweieinhalb Meter hochgewachsen; das ist um einen guten halben Meter höher, als dieses in unseren Breiten wächst; die Halme sind stark und die Ähren bis zu 30 Zentimeter lang (normale Ährenlänge in Österreich bis 12 cm). Auch Hunderte Obstbäume verschiedenster Arten von Obst wurden gepflanzt, die im darauf folgenden Jahr bereits reiche Ernte versprachen.

Links oben: Diese Ähren schottischen Getreides wurden bis zu 30 cm lang.
Links unten: Mag. Christian Koidl und Sepp Holzer präsentieren bereits ein Jahr nach dem Pflanzen der Apfelbäume die ersten Früchte.
Rechts oben: Sepp Holzer lehrt die Schotten wie man eine Sense richtig dengelt.
Rechts unten: Händische Getreideernte mit Kornmandln in Schottland.

Große Flächen von Fichtenmonokulturen wurden von Schneebruch und Windwurf massiv geschädigt.
Unten: Meterhohes Getreide wächst auf schottischem Hochland.

Der in einem Jahr problemlos umgesetzte Anbau von Getreide ist der eine Teil von Holzers Aufgaben in Schottland. Das langwierigere Projekt – die Wiederbewaldung und Aufforstung der durch Monokulturen, Schnee- und Windbruch zerstörten Waldungen – bedarf sorgfältiger Planung und vieler begleitender Maßnahmen, da vor allem das Wild und dessen Gewohnheiten, auf die bisher kaum Rücksicht genommen wurde, in alle Überlegungen mit einzubeziehen sind.
Die ursprünglich auf Grund des sauren Milieus auf Hügelzeilen gesetzten Fichten- und Kiefern-Monokulturen, die dem letzten Winter mit heftigen Sturmböen und starken Schneefällen nicht standhalten konnten, lagen im Frühjahr 2004 bei Sepp Holzers Besuch im Ausmaß von Hunderten Festmeter Holz wie ein Mikadospiel kreuz und quer übereinandergetürmt am Boden.

Um eine umfassende Renaturierung und Erholung der Vegetation zu erreichen, den Boden zu verbessern und die Monokulturwirtschaft abzustellen, ordnet Sepp Holzer umgehend das Einarbeiten des Holzbruchs in die Erde per Bagger an. Mischwald, vorwiegend Laubbäume, werden neu gepflanzt, die Nadelbäume werden in Zukunft nicht mehr als 20 Prozent des Bestandes ausmachen; das garantiert eine starke Bewurzelung des Bodens und eine wechselseitige Unterstützung der Baumarten gegen Windböen und Schneefälle.

Das Wild, bisher durch Zäune ausgesperrt, erhält durch einen Zukauf von weiteren 600 Hektar Wald eine „Wildeinstandsfläche", die verhindert, dass der Verbiss im Ausmaß wie bisher zum Schaden der Jungbäume erfolgen kann.

Auch die Aussaat verschiedenster, bei uns heimischer Alpenpflanzen, wie zum Beispiel dem gelben Enzian, der ein hervorragendes Heilmittel und einen beliebten Schnaps darstellt, forciert Sepp Holzer in Schottland mit großem Erfolg.
In den nächsten Jahren wird Sepp Holzer erneut nach Schottland geholt werden, denn es erwarten ihn neue, große Herausforderungen.

Oben: Digitalis (Fingerhut).
Unten, links oben: Mariendistel;
links unten: 40 bis 50 Kartoffeln pro Stock.
Unten rechts: Gelber Enzian,
Kraut und Wurzel.

Russland-Großprojekt des Textilgroßkaufmannes Alexander Brodowski auf 600 Hektar

Uneingeschränkte Zustimmung erhält Sepp Holzer auch bei einem anderen, wahrhaft gigantischen Unternehmen: In Russland, rund 400 km südlich von Moskau entfernt, entsteht ein Großprojekt, das der so gut wie nicht mehr existenten Landwirtschaft Russlands wieder auf die Beine helfen soll. Alexander Brodowski, von Beruf Textilkaufmann, sucht seine bäuerlichen Wurzeln in der Erfüllung seines Lebenstraumes, nämlich einer nach streng nachhaltigen Kriterien betriebenen Landwirtschaft auf biologischer Basis. 600 Hektar warten auf einen „Agrar-Prinzen", der „Russlands Dornröschen" biologisch wachküsst.

Linke Seite, links oben: Sepp Holzer mit Sohn Josef Andreas Holzer bei der ersten Besichtigung des Geländes.
Linke Seite, unten: Datscha auf dem Gelände der ehemaligen Kolchose „Leo Tolstoj".
Rechte Seite, unten: Hunderte Hektar große Birkenwälder stellen eine typisch russische Landschaft dar.

СМОЛЕНСК
M1 БРЕСТ
МОЖАЙСКОЕ ш.
МКАД
МКАД
МОЛОДОГВАРДЕЙСКАЯ
улица
МКАД
ДВИЖЕНИЕ ГРУЗОВЫХ АВТОМОБИЛЕЙ
НЕ ДАЛЕЕ 2-й ПОЛОСЫ!
ВЫПИЛ -
ЗА РУЛЬ НЕ САДИСЬ!

Die 16-Millionen-Metropole präsentiert sich mit Blick auf ihre Umwelt wie alle Großstädte der Welt. Alle negativen Eigenschaften westlicher Metropolen, wie zum Beispiel Smog, Verkehrschaos, Feinstaubbelastung jenseits jeder tolerierbaren Marke und schwindende Lebensqualität, haben auch in Moskau bereits Fuß gefasst.

Beim zweiten gemeinsamen Besuch im April 2005 auf der ehemaligen Kolchose „Leo Tolstoj" nahe der Stadt Tula bietet sich dem „Agrar-Rebellen" und dem von Sepp Holzer beigezogenen Karl Ludwig Schweisfurth aus München, Josef Andreas Holzer und dem die Expertengruppe begleitenden österreichischen Journalisten Peter Steffen ein ungewöhnliches, kaum glaubhaftes Bild. Zehntausende Hektar fruchtbaren Bodens als Brachland, und Menschen, die im Unterschied zu unseren Breiten mit Freude landwirtschaftliche Arbeit verrichten möchten und dabei noch fröhlich sind, wirken wie das Szenario zu einem gut „gecasteten" Spielfilm. Eine unglaubliche Herausforderung, die kaum irgendwo sonst in Europa ähnliche Chancen und Rahmenbedingungen besitzt.

Linke Seite, links oben: Datscha auf „Leo Tolstoj"; rechts oben: Rushhour in Moskau; unten: Typische orthodoxe Kirche.
Rechts oben: Ungemähte Wiesen, so weit das Auge reicht, dazwischen kommt bereits Jungwald durch Anflug auf; Mitte: Sepp Holzer vor Kiefernmonokulturen auf „Leo Tolstoj", die so wie bei uns bereits von stärkeren Böen umgeworfen werden, da der ökologische Rückhalt eines Mischwaldes fehlt. Unten: Idylle aus besseren Zeiten des Bauerntums auf „Leo Tolstoj".

Die ersten fünf Schweine der Marke „Duroc“ und ihr Eber „Boris“ weiden bereits auf einer der Koppeln; ihre Ohren sind wie Sägeblätter zerfranst, ein Indiz für zahlreiche Impfungen, die in Russland anhand der Ohren markiert werden.

Für Sepp Holzer ein weiteres Indiz für die widernatürliche Haltung im Massenstall, woher diese Jungschweine stammen. „Schweine, die im Freien leben, brauchen keine Impfungen“, meint er und fügt hinzu: „Die Fangzähne wurden ihnen auch gerissen, damit sie sich auf dem engen Raum ihres früheren Massenstalls nicht gegenseitig verletzen; jetzt können sie keine Wurzeln mehr kauen, ein Skandal ist das Ganze!“ Erst die nächste Generation von Schweinen auf „Leo Tolstoj“ wird wieder mit intakten Zähnen und unverstümmelten Ohren ein Leben in Freiheit genießen können.

Linke Seite, rechts oben: Eicheln sammeln für die Freilandschweine; links unten: Eines der neu errichteten Massivholzhäuser auf „Leo Tolstoj“ (Personalhaus); rechts unten: Eine unglaubliche Vielfalt an Blumen und Heilkräutern herrscht auf „Leo Tolstoj“, da der Boden viele Jahre lang von Gülle und Chemie unbelastet blieb.
Rechts oben: Sergej, der für die Schweine verantwortliche Mitarbeiter, zerstampft Getreide als Zusatzfutter; Boris, der erste Duroc-Eber auf „Leo Tolstoi“; unten: Erdstall nach Sepp Holzer auf „Leo Tolstoj“.

Nach ausführlichen Rundgängen, Vermessungen, Entnahmen von Bodenproben und einer genauen Bestandsaufnahme sagen Holzer und Schweisfurth Alexander Brodowski, dem Besitzer des Gutes, ihre Mitarbeit zu und fassen den Entschluss, umgehend mit der Revitalisierung der Landwirtschaft zu beginnen.

Aufgaben werden einem im Leben gestellt, damit man sie löst und nicht, dass man sie dramatisiert und damit unlösbar macht. ©

Oben: Karl Ludwig Schweisfurth und Josef Andreas Holzer beim Vermessen des Landes. Mitte: „Der Oberst", ein ehemaliger Offizier, sorgt für Ordnung und Sicherheit auf „Leo Tolstoj". Unten: Duroc-Schweine in Freilandhaltung fühlen sich sichtlich wohl.
Rechte Seite, links oben: Eine uralte Bauweise, mit der die meisten Datschas in Handarbeit gebaut wurden: Holz, in ganz bestimmter Weise übereinandergeschichtet, wird mit Lehm verschmiert. Rechts oben: Duroc-Schweine auf „Leo Tolstoj"; links Mitte: Sepp Holzer und Alexander Brodowski bei der Diskussion über das einzusetzende Saatgut; rechts Mitte: Sepp Holzer, Pjotr Brodowski, Alexander Brodowski, Karl Ludwig Schweisfurth und Sven Lindauer bei einer Projektbesprechung.
Links unten: Morgenwäsche auf „Leo Tolstoj"; rechts unten: Massivblockhaus aus händisch zugehackten Rundstämmen.

Als die Bagger die ersten Hügelbeete nach Sepp Holzers Angaben auftürmen und die Zusammenarbeit mit den freundlichen und lernwilligen russischen Mitarbeitern Alexander Brodowskis klaglos über die Bühne geht, scheint die Türe zu einem neuen Zeitalter in Russland aufgestoßen.

Links oben: Sepp Holzer bei der Aussaat; rechts oben: Die Köchinnen auf „Leo Tolstoj" mit Sergej.
Links unten: Ein Jahr nach der Aussaat ist auf den Hügelbeeten üppiger Urgetreidebestand zu sehen.
Rechts unten: Das erste Hügelbeet entsteht; ein Jahr später wächst darauf Getreide, Wurzelgemüse (Karotten, Radieschen etc.), Leguminosen u. v. a.

Großprojekt von Douglas Tompkins in Chile und Argentinien

Douglas Tompkins, der „Kreuzritter“ von Patagonien, besitzt in Chile den größten privaten Naturpark der Welt. Dort, wo die „Panamericana“ Chile durchschneidet, am Südzipfel Patagoniens, kämpft der New Yorker Millionär und Aussteiger Douglas Tompkins heute zusammen mit seiner ebenfalls „ausgestiegenen“ Frau Kristine für den Umweltschutz in Chile und teilweise auch für den der restlichen Welt. Heute hat Tompkins in seinem Nationalpark „Pumalin“ systematisch ein Öko-Imperium aufgebaut. Tompkins beschäftigt 400 Leute auf seiner Estancia „El Socorro“, mit deren Hilfe er die Folgen des überall sichtbaren Raubbaus rückgängig zu machen versucht. Der Masterplan ist auf 20 Jahre angelegt, bis dahin will er seine Ländereien in Wildnis zurückverwandelt haben.

Douglas Tompkins, dem „Kreuzritter von Patagonien“, gehört das größte private Schutzgebiet der Welt in Chile und Argentinien.

Erst beim Tiefflug über den Regenwald, die Seen und die Sümpfe lässt sich Douglas Tompkins Lebenswerk erahnen. Schwärme von Flamingos fliegen vor dem Flugzeug auf, Alligatoren gleiten ins Wasser, ein Ameisenbär trabt gemächlich über die Savanne. Tompkins privater Naturpark „Pumalin“ erstreckt sich mittlerweile vom Pazifischen Ozean bis an die argentinische Grenze. 2006 wurden weitere 79.000 Hektar Urwald von Tompkins erworben, auf denen geschätzte 70.000 Schafe den Boden jahrelang überweidet haben. Sepp Holzer als „Agrar-Feuerwehr“ soll dabei helfen, einen Großteil der Schafpopulation abzubauen und den Urwald wieder in seinen ursprünglichen Zustand zu versetzen.
Den Beginn nahm dieses Projekt im Juni 2006 in Spanien, als Sepp Holzer ein weiteres Mal für die Prinzessin Liechtenstein auf ihrem Landsitz in Extremadura zu Renaturierungsarbeiten tätig war. Zu diesem Treffen eines ausgewählten Kreises von Renaturierungsexperten war auch Kristine Tompkins sowie ihr persönlicher Berater für internationale Projekte, Dr. Wolfram Heise, aus Chile angereist.

Der persönliche Berater der Prinzessin von Liechtenstein, Professor Georg Gaupp-Berghausen aus Vorarlberg, und der österreichische Journalist und Autor dieses Buches, Peter Steffen, hatten dieses bedeutende Treffen organisiert, um ein Gespräch am runden Tisch, international anstehende Umweltprobleme betreffend, anzuregen und eventuell ein gemeinsames Projekt der Beteiligten ins Leben zu rufen. Mit dabei auch Dr. Bernd Neugebauer, der im Urwald Mexikos zusammen mit Inka-Familien unter dem Namen „Products for People“ ein einzigartiges Projekt für biologisch hergestellte Produkte, wie zum Beispiel Orchideenhonig oder Aloe-Vera-Gelee, ins Leben gerufen hat. Seine Produkte, hauptsächlich das unter völlig natürlichen Bedingungen in reiner Handarbeit hergestellte Aloe-Vera-Gelee, werden von Krebskliniken in der ganzen Welt bestellt. Professor Gaupp-Berghausen, der auch die Gespräche leitete, und sein Sohn, der mit dem japanischen „Wasser-Botschafter“ Emoto Masaru das einzige Emoto-Wasserlabor Europas in Vorarlberg betreibt, hatten nach einem Seminar bei Sepp Holzer am Krameterhof den Kontakt zwischen Holzer und der Prinzessin von Liechtenstein hergestellt.

Linke Seite: Riesige Regenwälder bleiben dank Douglas Tompkins von Holzfällern verschont.
Oben: Douglas Tompkins.
Unten: Hier haben Holzbarone und Plantagenbesitzer weite Teile des Regenwaldes abgeholzt.

Zum Abschied des Treffens lud Kristina Tompkins Sepp Holzer für 2007 zu sich nach Argentinien und Chile ein, um die Chancen für das Renaturierungsprojekt und die dabei anfallenden Kosten abzuklären. Dann wird auch weiter darüber diskutiert werden, welches gemeinsame Projekt in nächster Zeit in Angriff genommen werden könnte. Zur Debatte stand dabei vor allem der Rückkauf von Land für den Indianerstamm der Kogi in Mexiko, der durch den geplanten Bau eines riesigen Flughafens mehr als 60 Hektar Regenwald und damit seine Existenzbasis zu verlieren Gefahr läuft.

Oben: Kristine Tompkins bei ihrem Zusammentreffen mit Sepp Holzer in Spanien.
Unten: Wolfram Heise, der Berater des Ehepaares Tompkins, mit Anne-Marie Gaupp und Sepp Holzer.

Holzer'sche Permakultur-Projekte für katholischen Orden in Kolumbien

In Kolumbien errichtete Josef Holzer im Auftrag des katholischen Ordens der Clarentiner eine Holzer'sche Permakultur-Anlage. Durch ungeheure Brandrodungen der Großgrundbesitzer zur Errichtung von Monokultur-Plantagen wurden riesige Urwaldflächen zerstört. Der dabei erfolgte gekommene Einsatz einer Unmenge von Pestiziden und anderen Giftstoffen haben Natur, Umwelt und der Gesundheit der Menschen großen Schaden zugefügt.

Nach Holzers Meinung müssten hier in erster Linie der Anbau von Getreide einer Vielfalt an Obstbäumen, ein so genannter essbarer Obstgarten, angepflanzt werden. Holzer: „Trotz gegenteiliger Expertenmeinung, dass eine Aussaat während der Trockenzeit wirkungslos wäre, weil eine Keimung ohne Bewässerung nicht erfolgen könnte, stellte sich der Erfolg schon sieben Tage nach der Aussaat ein. Dieses wunderbare Ergebnis war durch die Kapillarwirkung der Hügelbeete trotz Trockenzeit und ohne Bewässerung in kürzester Zeit möglich."

Im Jahr 2007 ist Sepp Holzer bereits erneut nach Kolumbien eingeladen, um sich der „Strassenkinder von Medellín" anzunehmen und ein Projekt für bürgerkriegsgeschädigte Waisen zu errichten.

Oben: Waschtag am Fluss, Projekt-Rio Negro der Witwen und Waisen,.
Unten: Sepp Holzer entdeckt das Spritzmitteldepot. Jeden Tag überfliegen 20 Flugzeuge die Bananen- und Ananasplantagen um die giftigen Substanzen zu versprühen.

Links oben: Almaz Böhm und Sepp Holzer; restliche Bilder: Almaz Böhm mit Begleitung beim Rundgang am Krameterhof.

Oben: Veronika Holzer, Almaz Böhm und Sepp Holzer am Krameterhof.
Unten: Almaz Böhm (mit einer Freundin) wird von Sepp Holzer über die Vielfalt am Krameterhof informiert.

Besuch von Almaz Böhm am Krameterhof

Im Juni 2006 besuchte Almaz Böhm, die zusammen mit ihrem Gatten Karl Heinz Böhm mit ihrer Organisation „Menschen für Menschen“ in Äthiopien unschätzbare Hilfe leistet, Sepp Holzer am Krameterhof.

Die in privater Mission im Lungau weilende Almaz Böhm informierte sich einen Tag lang über all das, was am Krameterhof – in extremer Lage – so alles möglich gemacht werden kann.

Permakultur- und Beratungsseminar in La Palma

Bei einem Holzer'schen Permakulturseminar im November 2006 in La Palma vermittelte der „Agrar-Rebell“ naturnahe Praxis in einer der schönsten Landschaften der Welt. Die „grüne Perle“ La Palma gehört zum Vulkanarchipel der Kanarischen Inseln; sie wird auch „La Isla Bonita“ („die schöne Insel“) genannt. Ursprünglich war La Palma von den Guanchen (dt. Bedeutung wohl etwa: „die Menschen aus Teneriffa“) besiedelt, in deren Idiom die Insel „Benehoare“ hieß – was soviel wie „meine Heimat” bedeutet. Im späten 15. Jahrhundert wurde die Insel von den Spaniern blutig erobert und diente die nächsten Jahrhunderte als Zwischenstation für Überfahrten in die Neue Welt. Von dort aus erreichten auch Tabak, Tomaten, Kartoffeln, Mais, Bananen und Opuntien die Insel, aus Europa stammten vornehmlich Tiere zur Viehzucht und Wein.

Rechts oben: Anbau mit Holzpflug und Kühen; rechts unten: Sepp Holzer mit Seminarteilnehmern; links unten: Interessierte Teilnehmer beim Seminar auch aus Deutschland und Österreich; unter anderem ein Herzspezialist aus Dachau und eine Pensionistin aus Kufstein.

Derzeit werden auf La Palma hauptsächlich Bananen in intensiver Monokultur angebaut, bislang gestützt durch Brüsseler Agrarsubventionen. Das A und O der Holzer'schen Methodik ließ sich hier auf der Insel hautnah nachvollziehen, liegt doch auch der heimatliche Krameterhof im Lungau an Berghängen, und auch dort gilt die Devise: „Sorgt immer dafür, dass sich Wasser so lange wie nur möglich im Boden hält. Das vermeidet Austrocknung, Erosion, Verkarstung, und schenkt euch überreiche Ernten. So könnte zum Beispiel alleine die Insel La Palma Millionen Menschen ernähren ..."

Die Exkursionen mit Sepp Holzer machten überdies jeden Seminarteilnehmer mit ganz unterschiedlichen klimatischen Bedingungen bekannt, da die Insel bis auf Gletscher über alle Klimazonen der Welt verfügt. Die Teilnehmer erfuhren, wie steile Berghänge bewirtschaftet werden, wie große Teiche und kleine Teiche angelegt werden, wie Wasser geleitet wird und was angepflanzt werden muss, damit alles permanent grünt und blüht.

Immer wieder staunten die Teilnehmer, wenn es hieß, dass ohne weiteres Kartoffelernten von ca. 15 kg pro Pflanze (Beispiel Rekordernte in Extremadura) möglich seien, dass mit einem Grundstück von rund 700 m^2 drei Familien mit Obst und Gemüse versorgt werden können und dass vieles, was heute in der Landwirtschaft und im Gartenbau gelehrt wird, schlichtweg falsch sei, weil man die Natur nicht als Lehrmeister akzeptiere.

Besonderes Augenmerk schenkte Sepp Holzer auch den „Sonnenfallen". Das sind besondere Pflanzungen mit Gehölzen und Sträuchern, die das Sonnenlicht und die Wärme lange halten. Die Seminarteilnehmer erfuhren aus erster Hand, wie man mit Steinsetzungen diesen Wärmeeffekt zusätzlich erhöht.

Alle Teilnehmer erhielten konkrete Anregungen, wie sie ihren eigenen Grund und Boden sinnvoll umgestalten können. Das nächste Beratungsseminar auf La Palma ist bereits für November 2007 fixiert.

Oben und unten: Typische Landschaften auf La Palma; Mitte: Die Kuh mit Holzschlitten als Transportmittel auf La Palma.

Oben: Vor Hunderten von Jahren beschatteten riesige Akazien- und Eichenwälder das Land in und um Jordanien. Unten: Nomade mit Kamelherde.

Das geplante Dattel- und Olivenplantagen-Großprojekt auf den Besitztümern der königlichen Hoheit Prinzessin Alia al Hussein von Jordanien

Im Juni 2006 kam es zu einem denkwürdigen Treffen am Krameterhof. Der persönliche Berater der Prinzessin Alia al Hussein von Jordanien trifft, begleitet vom Autor, am Krameterhof ein. Ziel des Treffens mit Sepp Holzer war die Vorbereitung eines Besuchs des „Agrar-Rebellen" in Jordanien, der 2007 auf Einladung der jordanischen Prinzessin bei diversen Umweltproblemen als Berater zugezogen werden soll.

Sepp Holzers geplante Mission in Jordanien soll die Regeneration der Dattel- und Olivenplantagen zum Inhalt haben, die, in Monokultur gesetzt, große Probleme verursachen. Geplant ist das Umstellen auf eine Anlage, in

der die Dattelpalmen und Oliven als Mischkultur in Symbiose mit anderen Pflanzen der Auslaugung des Bodens entgegenwirken sollen.
Weiters ist das eventuelle Abstellen der computergesteuerten Bewässerungs- und Düngeautomaten in den Olivenplantagen des Königshauses bei gleichzeitiger Einführung von Maßnahmen zur Retension des natürlichen Niederschlags geplant. Diese Maßnahmen könnten jährliche Einsparungen in Höhe von mehreren Millionen Dollar erbringen.
Die Krönung der Projektarbeit in Jordanien aber könnte ein weiteres geplantes Projekt Sepp Holzers darstellen, nämlich das Zurückbringen des Waldes nach Jordanien! Das Land ist bis auf minimale Baumbestände seit Jahrhunderten praktisch waldlos, riesige Bestände an Zypressen, Eichen, Akazien, Aleppo-Kiefern, Stechpalmen und Kastanien wurden vor Hunderten von Jahren für den Schiffbau abgeholzt. Das Zurückbringen des Waldes nach Jordanien – ohne technische Bewässerungsanlagen – ist eine von allen Fachleuten der Region als unmöglich eingeschätzte Aufgabe. Bringt dies jemand zustande, dürfte er im gesamten arabischen Raum einen kultähnlichen Status erlangen.

Links oben: Jordanien besteht heute zum Großteil aus weiten, baumlosen Wüstenlandstrichen.
Rechts oben: Datteln sind eine der wichtigsten Wirtschaftsfaktoren Jordaniens.
Links unten: Einer der wenigen Bäume, die in Jordanien nicht als Palmen vorkommen; auffällig: die riesigen Luftwurzeln.
Rechts unten: Eine für Jordanien typische Wüstenlandschaft.

Gutshof des Projekts Waldkinder und Generationenkreis in Deutschland.

In Arbeit befindliche Projekte Holzer'scher Permakultur

Generationenkreis und Projekt der Waldkinder (Natur- und Waldkinder e. V.) in Pocking mitten im Bäder-Dreieck Bad Füssing, Bad Griesbach, Bad Birnbach/Landkreis Passau/Deutschland, ein Sozial-Projekt unter Einbindung Holzer'scher Permakultur

Der im Jahr 2000 von acht Eltern gegründete Verein unter dem derzeitigen Vorstand Almuth Wünsch, Dipl.-Psychologin, und dem Kaufmann Rudolf Winkler hat in den letzten sechs Jahren im Raum in und um Bad Füssing einige Objekte – vorwiegend revitalisierungsfähige Bauernhöfe oder Häuser und Grundstücke – zur Umsetzung seiner Ziele anvertraut bekommen (Stiftungen) oder gepachtet und betreut derzeit rund 80 Kinder, vom Säugling bis zum Schulkind. Die Überzeugung, dass Kinder in der heutigen Welt andere pädagogische Konzepte brauchen als noch vor einer Generation, war und ist der Motor für die vielen ehren- und hauptamtlichen Mitarbeiter und den einzelnen Gruppen. Darüber hinaus bereichert der Verein als freier Träger und Elterninitiative die „Trägerschaft“ im Landkreis Passau und bietet interessierten Eltern eine Alternative zu kirchlichen und kommunalen Einrichtungen.

Die bereits fertig gestellten Waldkindergärten sowie das im Ausbau befindliche „Kinderhaus“ und ein in Sanierung befindliches „Kinderreich“, ein kleiner Gutshof, – stehen den Kindern wochentags als Tagesheimstätte mit sozialpädagogischer, interdisziplinärer und integrativer Betreuung zu Verfügung. Das „Kinderreich“ soll nach dem Umbau auch als „1. Generationenhof“ zur Zusammenführung mehrerer Generationen und deren Gedanken- und Erfahrungsaustausch dienen und sich als ein Platz für harmonisches Zusammenwirken von Alt und Jung entwickeln. Die Natur und Umwelt zu schützen, kann nur dann wirkungsvoll vollzogen werden, wenn man um deren Abläufe und evolutionäre Mechanismen Bescheid weiß. Die mit der Betreuung der Kinder befassten Eltern und Lehrer, die dabei ihre Freizeit zur Verfügung stellen, sehen es zusammen mit Sepp Holzer als ihre Aufgabe an, Kinder mit einem solchen Wissen auszustatten und sie dadurch besser als sonst auf ihr künftiges Leben vorzubereiten.

Mitte: „Sole e Adobe" - das erste Solar-Lehmhaus von Tamera.
Unten: Pferdebetreuerin Almut Schmitz, die Pferde werden als Therapie in Tamera eingesetzt.

Heilungsbiotop 1 Tamera in Portugal – globales Modell für die Heilung von Mensch und Natur

Während seiner Tätigkeit in der spanischen Extremadura im Januar 2007 bekam Sepp Holzer Besuch von einer Delegation aus Portugal. Sie kam aus dem Friedensforschungsprojekt Heilungsbiotop Tamera im Süden des Landes.

Barbara Kovats, eine der leitenden Mitarbeiterinnen von Tamera, hatte von Sepp Holzers ökologischer Modellarbeit zum Thema „Heilung der Steineichen“ gehört. Kovats: „In Portugal haben wir ein ähnliches Problem. Hier sterben die Korkeichen. Für die Natur und die Landwirtschaft hat das verheerende Folgen. Wir haben begonnen, ein umfassendes Modell für ein heilsames Zusammenleben zwischen Mensch und Natur aufzubauen. Für die konkrete Umsetzung in Portugal bedeutet das auf ökologischer Ebene: Heilung der Korkeichenkulturen, ein funktionierender Wasserhaushalt und in unserem Fall eine Nahrungsmittelautarkie von 200 – 300 Personen. Wir sind beeindruckt von den Fähigkeiten Sepp Holzers und glauben, dass er uns dabei helfen kann.“ In Tamera entsteht nun nach den Plänen von Sepp Holzer ein Großprojekt, das einen See von 15 ha Wasserfläche sowie Obst- und Gemüseanlagen und Renaturierungsflächen von insgesamt 150 ha umfasst. Die Planung ist in Arbeit, Baubeginn ist im Herbst 2007.

„Kinder-der-Zukunft“ – das Portugal-Projekt von Prof. Dr. Bernd Gerken und seiner Frau, Dipl.-Biol. Annette Gerken, in Zusammenarbeit mit „Agrar-Rebell“ Sepp Holzer

Das Projekt „Kinder-der-Zukunft“ wurde im Alentejo Südportugals gegründet, eingebettet in die Korkeichen-Savanne des Montado, in unmittelbarer Nähe des Santa-Clara-Sees. Dort bestehen sehr günstige Standortbedingungen für Vegetation und Fauna des vom Atlantik beeinflussten westlichen Mittelmeerraums.
An beiden Standorten bestehen gute Möglichkeiten für land- und forstwirtschaftliche Nutzung ebenso wie für Gartenbau und gesunde Tierhaltung an erstklassigen Standorten. Alle einschlägigen Aufgaben, die sich bei der Planung, Gestaltung und Nutzung felsiger bis mineralisch sehr reicher Standorte unter den jeweiligen Klimabedingungen ergeben, können an den Projektstandorten dargestellt und praktisch erprobt werden.
Das Familien- und Weiterbildungszentrum Haliotis (Kinder-der-Zukunft) richtet sich an Kinder, deren Eltern und geistig jung gebliebene Erwachsene, Jugendliche und Studierende. Die Konzeption des Kinder-der-Zukunft-Projekts entstand aus einer jahrelangen forschungs- und praxisbezogenen Lehre an Universitäten und Hochschulen, die Dipl.-Biol. Annette Gerken und Prof. Dr. Bernd Gerken in Hohenheim resp. Freiburg, Paderborn und Höxter sammelten. Das Vorhaben ist eine praktische Konsequenz aus zahlreichen Drittmittelprojekten, die seit beinahe zwei Jahrzehnten an der Fachhochschulabteilung Höxter durchgeführt werden.

Rechts Bild 1: Barbara Kovats, die Leiterin des Projekts „Solar Village“.
Bild 2: Die Führungscrew des Bereichs Ökologie mit Sepp Holzer im Eukalyptuswald von Tamera.
Bild 3: Frühstücksvorbereitungen auf Haliotis, Marlin Gerken und Alexander Kittenberger.
Bild 4: Sepp und Veronika Holzer zu Besuch bei Haliotis (Kinder-der-Zukunft) in Portugal. Mit am Bild Bernd und Annette Gerken mit Kindern und der österreichische Journalist und Autor Peter Steffen.
Bild 5: Sepp Holzer mit Prof. Dr. Bernd Gerken.

Kratergarten Schützingergut.

Schützingergut - ein behördlich anerkanntes und genehmigtes Projekt der Holzer'scher Permakultur als Hochwasserschutzanlage der Familie Rosemarie und Hans Möschl, 5733 Bramberg im Pinzgau, Bezirk Zell am See

Aufgrund laufender Katastrophenschäden durch Hochwasser in den vergangenen Jahren ersuchte die Familie Möschl Sepp Holzer um Beratung zur Rekultivierung und Nutzung der Katastrophenschadenflächen auf ihrem Besitz.

Der Sanierungsvorschlag Sepp Holzers betrifft die Errichtung eines Kratergartens, der dreidimensional gestaltet werden soll. Dadurch werden Kleinklimazonen geschaffen, was eine vielseitige Nutzung ermöglicht. Gedacht ist an eine Kräuteranlage mit Wassergarten sowie die Bepflanzung des gesamten Grundstücks mit Obstbäumen und Beerensträucher. Durch die Errichtung des Kratergartens soll sowohl dem erforderlichen Hochwasserschutz entsprochen werden wie auch eine alternative landwirtschaftliche Nutzung möglich sein.

Vom Flussbauamt und der Bezirkshauptmannschaft Zell am See sowie der Gemeinde Bramberg wurde das Projekt befürwortet und genehmigt. Im Zuge der Katastrophenschadensbehebung wurde der Rohbau des Kratergartens errichtet. Die Bepflanzung und Einsaat erfolgte im Frühjahr 2007. Die Zusammenarbeit mit dem Flussbauamt, der Bezirkshauptmannschaft und der Gemeinde Bramberg war äußerst konstruktiv, wofür ihnen ein ausdrücklicher Dank gebührt.

Frau Daniela Zorn bewirtschaftet den Gudenhof in Göstritz, Schottwien, nach Holzer'scher Permakultur mit großem Erfolg. Sie wird der Familie Möschl bei der Betreuung ihrer Anlage mit Rat und Tat zur Seite stehen.

Seminar bei Familie Billich.

Projekt Solar Billich/Deutschland

Holzer'sches Permakultur-Projekt bei Familie Andreas und Marlies Billich: Auf den Betriebsgrundstücken der Firma Solar- und Elektrotechnik Billich, Feuerbachstr. 29, D-79588 Efringen-Kirchen, wurde im Rahmen eines Aktivseminars im Herbst 2006 mit den Arbeiten für eine Holzer'sche Permakulturanlage begonnen. Es wurden Hügelbeete errichtet, Obst- und Beerensträucher gepflanzt, ein Wassergarten angelegt, Kleinklimazonen errichtet; in einem Pilzseminar wurden Pilzkulturen auf Holz und Substrat angelegt.

Führung bei Familie Kunz mit Freilaufschweinen und Erdstall nach Sepp Holzer.

Projekt Lorenz Kunz: Holzer'sche Permakultur in Esslingen/Schweiz

Nach der Betriebsberatung durch Sepp Holzer 2004 hat sich Herr Lorenz Kunz entschlossen, seinen Bauernhof auf Holzer'sche Permakultur umzustellen. In den Jahren 2005/2006 wurden Teiche angelegt, Erdstallungen gebaut, Hügelbeete für Gemüseanbau errichtet; auch ein Seminarraum für 50 Personen wurde in der ehemaligen Scheune ausgebaut.
Es ist schön zu erleben, mit welcher Freude und mit welchem Fleiß der Hof bewirtschaftet wird. Natürlich lässt auch der Erfolg nicht auf sich warten. Bei beiden Seminaren, die Sepp Holzer bei der Familie Kunz gehalten hat, waren jedes Mal über 40 Teilnehmer. Bereits sieben weitere Betriebe aus der Region haben sich zur Umstellung auf Holzer'sche Permakultur entschlossen, und es wurden bereits weitere Betriebsberatungen durchgeführt. Herr Kunz ist auch ein engagierter Mitstreiter für artgerechte Tierhaltung und ein Gegner der Gentechnik in der Landwirtschaft.
Die Holzer'sche Permakultur am Biohof zum Frohberg von Familie Kunz wurde auch im Schweizer Fernsehen vorgestellt („MTW" SF1, am 31.10.2006, Autor: Beat Häner).

Griechenland-Thessaloniki Projektberatung/Seminar/Vorträge

Auf Einladung der Klostergemeinschaft des hl. Johannes d. T. reiste Sepp Holzer und sein Sohn Josef Andreas Holzer in der Zeit vom 11. bis 16. April 2007 nach Thessaloniki. Vorträge, Seminare und Betriebsberatungen standen auf dem Programm.
In Griechenland gibt es, wie in Spanien und Portugal, große Probleme mit Trockenheit, Bodenerosion, Baumsterben und Versteppung. Beratungsgespräche über Möglichkeiten einer alternativen Landbewirtschaftung und Renaturierungsmaßnahmen etc. mit Sepp Holzer und Biobauern aus ganz Griechenland sind für diesen Zeitraum vorgesehen.

Visionen und Träume

Oben: Wale dienen als Inspirationsquelle für das „Energie-Projekt" von Sepp Holzer.
Rechte Seite: Die Nutzung ungeheurer, bisher ungenutzter Energien von Sonne, Brandung und Gezeiten, die sehr stark vom Mond beeinflusst werden, steht im Mittelpunkt des „Energie-Projekt" von Sepp Holzers.

Das „Energie-Projekt"

Sepp Holzer, der zeitlebens eine Fülle von Intuitionen und Visionen hatte, viele davon auch lebte und in die Tat umsetzte, steht kurz vor der Realisierung eines Projekts, das in Bezug auf seine mögliche Bedeutung für den Bereich Energieressourcen von größter Bedeutung sein könnte.

Die Idee dazu, die auf einen Traum zurückzuführen ist, sich mittlerweile bereits im Versuchsstadium befindet und derzeit im Windkanal eines Versuchslabors erforscht wird, beschäftigt eine Reihe von Wissenschaftlern, die sich mit den vielfältigen Nutzungsvarianten des gigantischen Projektes befassen.

Konkret geht es dabei um die Nutzung vorhandener Energiequellen durch bisher nicht zur Anwendung gebrachter Strategien, und zwar ohne dabei Energien zu verschwenden, sondern im Gegenteil diese im Falle eines Verbrauchs immer wieder zu ersetzen sowie zusätzliche Energiereserven zu erschließen und zu speichern. Dies gilt für das Wasser, den Wind, vor allem aber für die Sonnenenergie, deren ungeheures Potential heute weitgehend ungenutzt bleibt, die aber im Unterschied von zum Beispiel fossilen Energiequellen, deren Ende abzusehen ist, schier unbegrenzt scheint.

Möglicher Ort des Geschehens: eine Meeresküste, irgendwo auf der Welt. Etwa eine Atlantikküste in Schottland, ein Küstenstrich des Pazifischen Ozeans, der Karibik oder des arabischen Raums, für den eines der dabei gleichzeitig gelösten Probleme, nämlich die Entsalzung des Meerwassers in vielerlei Hinsicht interessant sein könnte.

In vereinfachter Form (ohne Meerwasserentsalzung) könnte die Anlage natürlich genauso gut am Festland errichtet werden.
Die aus mehreren, ineinandergreifenden Projektteilen bestehende Anlage kann wie folgt beschrieben werden:
Ein im Seichtgewässer in einer Tiefe von etwa 3 bis 4 Metern installierter Nachbau einer Muschelform aus Naturstein oder Beton nutzt durch eine in ihn implementierte Technik einerseits die Energieströme der Gezeiten von Ebbe und Flut in vertikaler Richtung und andererseits auch die Wellenbewegung der Meeresbrandung in horizontaler Richtung zur Gewinnung von Energie.
In der Mitte der Muschelform befindet sich ein mit Solarzellen bestückter Nachbau eines Wales aus Metall oder Kunststoff. Der Fisch, der gleichzeitig als Kunstwerk zu verstehen ist, betreibt durch seine – der Natur nachgebauten, beweglichen – Flossen und Schwimmkörper auf Grund von deren Bewegungen eine Pumpe, die Meerwasser über eine unterirdische Leitung Hunderte Meter ins Landesinnere zu einen Salzsee bringt.

Die Entsalzung des Meerwassers zur Süßwassergewinnung für Regionen, die unter Trinkwassermangel leiden, stellt eine der wichtigsten Teile des Projektes von Sepp Holzer dar.

Die Salzseen dienen einerseits der Fischzucht und andererseits der Gewinnung von Meersalz durch die natürliche Verdunstung des Meerwassers.

Unterstützt wird das Vorhaben durch Plattformen mit hydraulischer Treppenanlage, bei der die Besucher des Projekts beim Betreten und Besteigen der Treppe über ein Pumpsystem weitere Energie erzeugen, die in das Gesamtprojekt eingespeist wird.

Unmittelbar an der Küste erhebt sich ein – der besten Windnutzung zugewandtes – rundes Bauwerk in Trompetenform, das sich aus einem breiten Sockel von ca. 50 Metern Durchmesser bis in eine Höhe von 100 Metern auf etwa ein bis zwei Metern verjüngt. Im unteren Bereich des Turmes zieht der Wind nach dem Vorbild eines gut ziehenden Kamins durch die schneckenförmig gedrehte – einem Gewehrlauf ähnelnde – Innenwand des Kamins in die Höhe. Durch den dabei auftretenden Kalt-Warmluft-Effekt entsteht ein so genannter Tornado-Effekt, wodurch der Luftstrom noch wesentlich verstärkt wird. Die im Inneren des Kamins stehend montierten Turbinen verwandeln die Windenergie in Strom, der in die Speicher eingespeist wird. Außen am Kamin montierte Blätter, ähnlich einem Baumkleid, werden durch den Wind bewegt und erzeugen zusammen mit Solarzellen zusätzliche Energie.

Oben: Auch der Wind soll als Energieträger genutzt werden.

Durch die Nutzung gewaltiger Energien entstehen Kleinklimazonen, in denen besondere Lebensbedingungen geschaffen werden können.

Ein an der Spitze montierter, ebenfalls auch als Kunstwerk fungierender Vogel und dessen frei bewegliche Flügel werden durch die aufsteigenden Winde bewegt und die dadurch gewonnene Energie genutzt.

Der Innenteil des Kamins besteht bis in eine Höhe von zwanzig Metern aus einem Berg von Lava-Gestein, der sich durch die Sonne glühend heiß erhitzt und einem darin befindlichen Dampfkessel. Durch darüber, am Turm außen montierte Brennspiegel, die dem Lauf der Sonne nach automatisch in ihre optimale Nutzungslage gebracht werden, wird das Lava-Gestein

Auch Vögel dienten Sepp Holzer als Vorbild für die geplante Anlage.

durch den dabei entstehenden Brennglaseffekt weiter bis auf ca. 700 Grad Celsius aufgeheizt. Das durch den Dampfkessel geleitete Meerwasser verdunstet, sodass das Salz abgeschieden und aufbereitet werden kann. Der kondensierte Wasserdampf kühlt sich ab, wobei das dabei entstandene Süßwasser sowohl als Trinkwasser als auch zur Bewässerung von Pflanzen und Gewächshäusern Verwendung findet, nachdem es durch Erd- und Gesteinsschichten durchgeleitet und dabei mit Mineralstoffen angereichert wurde. Die durch den Dampfkessel erzeugte Energie wird in das Netz eingespeist.

Rund um den Turm befindet sich eine ringfömig angeordnete Biotop-Anlage, in der den verschiedenen, dort erzeugten Temperaturen entsprechend Kleinklimazonen geschaffen werden, in denen es möglich sein wird, verschiedene Lebensräume für Pflanzen und Tiere aus aller Welt in Form von Forschungsprojekten einzurichten.

Ein weiterer Teil des Projektes: Orten und Fassen von Süßwasser-Quellen, die, vom Festland kommend, dieses unweit des Ufers ins Meer entwässern sollen. Das Fassen dieser Süßwasser-Quellen, bevor sie sich mit dem Salzwasser vermischen, stellt gerade für die Trinkwasserversorgung in heißen Ländern, die meist über Wassermangel klagen, eine enorme Bedeutung dar, da diese Ressourcen bisher ungenutzt in Richtung Meer strömten, wo sie sich im Bereich der Uferzonen, vom Meeresboden aus aufsteigend, ungenutzt mit dem Salzwasser vermischten. Das Süßwasser wird mit der Energie des nachgebauten Walfisches in einen auf dem Festland liegenden Süßwassersee gepumpt und zur Fischzucht genützt. Das Geschäft mit Mineralwasser als Trinkwasser boomt heute speziell in Ländern, die knapp an Trinkwasser sind. Wasser kostet dort zum Teil mehr als alle anderen Getränke, was dazu geführt hat, dass so genannte „Wasserbarone“ heute in aller Welt Riesenprofite speziell auf dem Rücken der armen Bevölkerung erzielen und diese schamlos ausnutzen.

Nach Ausarbeitung des Gesamtprojektes und Umsetzung der daraus resultierenden vielfältigen Arten von Energiegewinnung würde dieses zukunftsweisende Modell eine in der Geschichte einzigartige Anlage darstellen, die an einem Ort gleichzeitig die Energien dreier Elemente, nämlich Wärme, Wasser und Luft, zu nutzen imstande ist.

Die genaueren Details können mit Rücksicht auf das im Versuchsstadium befindliche Projekt noch nicht bekannt gegeben werden.

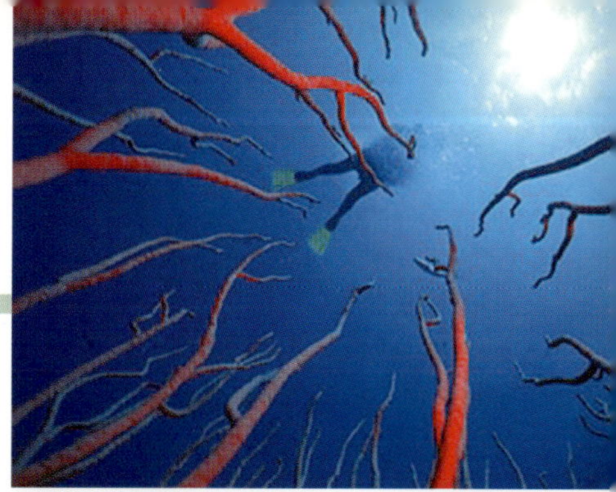

Kritik, Unterstellungen und Verleumdungen

Es stellt nun einmal leider ein Faktum dar, dass jemand, der wie Sepp Holzer große Erfolge in aller Welt erzielt und in seinem Metier Großes leistet, im Gefolge auch eine Schar von Neidern und missgünstigen Menschen nach sich zieht. Diese schrecken auch nicht davor zurück, Unwahrheiten und Lügen zu verbreiten, anonyme Leserbriefe mit erfundenen Inhalten zu verfassen oder rufschädigende Unwahrheiten in die Welt zu setzen.
Hinzu kommt, dass es eine bei etlichen Medien beliebte Vorgangsweise darstellt, mit negativen Aussagen und Behauptungen (Kadaverjournalismus) Schlagzeilen zu machen, um damit höhere Auflagen und Einschaltquoten erzielen zu können.

Neben Menschen, die sich aus Neid und aus eigener Unfähigkeit heraus zu übler Nachrede hinreißen lassen, gibt es auch immer wieder solche, die sich als „Trittbrettfahrer" erfolgreicher Persönlichkeiten versuchen, um durch falsche Behauptungen und ungerechtfertigte finanzielle Forderungen ihre eigene finanzielle Misere aufbessern zu können. Nur allzu oft ist es aber deren Dilettantismus und falsche Handlungsweise, die dazu führen, dass sorgfältig geplanten Projekten kein Erfolg beschieden ist.
So wie im Falle des Jena-Hofs von Gertrud Barrada, die aus ihrem Unvermögen Kapitel zu schlagen versucht und dabei keine Gelegenheit auslässt, Sepp Holzer zu verleumden. Alleine der Versuch Frau Barradas, eine erotische Note in die Auseinandersetzung einbringen zu wollen, zeigt die gekränkte Eitelkeit einer abgewiesenen Frau, die auch die wahre Ursache für alle weiteren Verleumdungen gegen Sepp Holzer sein dürfte.

Den Neidigen und Bösen brauchst du nicht bestrafen, er straft sich selbst genug, weil er so ist, wie er ist.©

Wenn du Platz schaffst im Hirn und den Müll entsorgst, der sich dort ansammelt, dann kann dir etwas Sinnvolles einfallen.©

Sepp Holzer'sche Permakultur – ein Konzept, das weltweit erfolgreich funktioniert; die üble Nachrede in Bezug auf das Burgenlandprojekt Barrada beruht auf einer Fülle von Unwahrheiten und Verleumdungen

Auszug aus dem Magazin „Panorama" vom August 2006

Seit Monaten gibt es, nach einem negativen Bericht über Sepp Holzer im ORF, hitzige Diskussionen in Österreich und auch im Ausland, ob das Konzept Sepp Holzer im Falle des Burgenlandprojektes Barrada versagt hat oder nicht. Nimmt man jene Menschen näher unter die Lupe, die von Sepp Holzers Versagen reden, kommt man darauf, dass die meisten davon weder ihn persönlich noch den Krameterhof, noch das Projekt im Burgenland kennen.
Um uns ein objektives Bild über das Geschehen am Jena-Hof im Burgenland machen zu können, haben wir die Vorfälle am betreffenden Barrada-Besitz recherchiert, und haben mit dem unmittelbaren Nachbarn Frank Unger gesprochen, der die Ereignisse der letzten Monate in Bildern festgehalten hat, haben Sepp Holzer interviewt und wohnten dem Prozess gegen Gertrud Barrada am Justizzentrum Leoben bei, in dem diese wegen des Vorwurfes der Brandstiftung und des mehrfachen schweren Betruges angeklagt war und am 9. Mai 2006 zu 24 Monaten Haft verurteilt wurde (20 Monate bedingt, 4 Monate unbedingt). Das Urteil ist noch nicht rechtskräftig.

Aus den Fakten der Interviews mit Sepp Holzer und mit dem Barrada-Nachbarn Frank Unger ergibt sich folgendes Bild: Der im Jahr 2002 zur Beratung am Barrada-Besitz Jena-Hof beauftragte Sepp Holzer erstellte einen Umgestaltungs- und Bebauungsplan für das Gelände, um damit einerseits Erträge durch Obst- und Gemüseanbau zu erzielen und um andererseits nach der Fertigstellung des attraktiven Holzer'schen Permakultur-Projekts Frau Barrada durch Führungen eine zusätzliche Einnahmequelle zu verschaffen.

Mitten in den Arbeiten zur Gestaltung des Geländes kam es zu Streitigkeiten zwischen dem Ehepaar Czörgits-Barrada, woraufhin ihr Mann Friedrich Czörgits sie verließ und 2002 die Scheidung einreichte. Die völlig überforderte Gertrud Barrada sah sich außerstande, das Projekt alleine weiterzuführen, beendete die Arbeiten am halbfertigen Gelände und überließ 10 Schweine ihrem Schicksal, ohne dafür zu sorgen, dass diese in Bezug auf Futter und Trinkwasser versorgt gewesen wären. Später wurden die Schweine von ihr einfach an die Nachbarn verschenkt, da sie in diesem Zustand nicht mehr zu verkaufen gewesen wären.

Dass das Gelände in den nächsten Monaten immer desolater wurde und verwilderte, nachdem zusätzlich noch Wasser in die rohen Erdanlagen eingeleitet worden war, wodurch eine Hangrutschung entstand, liegt auf der Hand.
Die im Fernsehen gegen Sepp Holzer erhobenen Vorwürfe, die dieser bereits in seiner an den ORF ergangenen Stellungnahme ausführlich widerlegt hatte, weist er als „mediale Hetzkampagne" zurück. Sein Vorwurf gegen die Darstellung des Falles in der Barbara-Stöckl-Sendung beruht darauf, dass die Sachlage seitens des ORF ungenau recherchiert und unrichtig dargestellt wurde.

§

Immer wieder müssen Menschen, die über Sepp Holzer Unwahrheiten verbreiten oder ihn verleumden, unter dem Druck vor Gericht den Wahrheitsbeweis antreten zu müssen, ihre Behauptungen zurückziehen und sich bei ihm entschuldigen.

Auszugsweise seien drei davon in Kurzfassung veröffentlicht:

Mit dem Ausdruck des Bedauerns ziehe ich, Burkhard Kayser, die von mir aufgestellten Behauptungen gegen Josef Holzer zurück.

Burkhard Kayser, Permakultur-Designer
Zur Bleiche 24A, D-32423 Minden

Mit dem Ausdruck aufrichtigen Bedauerns ziehe ich, Harald Wedig, die von mir in meiner E-Mail vom 5. März 2005 aufgestellten Behauptungen gegen Josef Holzer zurück.

Harald Wedig
Swalmen, Niederlande

Betreff: Mein Eintrag in die Homepage Barrada, Jena-Hof

Sehr geehrter Herr Holzer!

Ich bedaure es, dass ich mich durch vorher nicht überprüfte Gerüchte zu einem Eintrag auf der Homepage des Jena-Hofs verleiten ließ und bitte Sie dafür vielmals um Entschuldigung. Ich konnte mich inzwischen davon überzeugen, dass die von mir erhobenen Behauptungen grundlos waren und ich in Bezug auf Ihre Arbeit und Anordnungen keinerlei Fehlleistungen erkennen kann.
Ich bitte Sie daher, meine Entschuldigung anzunehmen und gerichtliche Schritte zu vermeiden. Ich werde in Zukunft im Hinblick auf Ihre Person keinerlei negative Aussagen mehr treffen.

Hochachtend
Sigi Lassnig
Biohof Lassnig-Oberbichler, 8383 St. Martin 34

Einige der behördlichen Schikanen, so z. B. das gegen Sepp Holzer verhängte Busfahrverbot der BH-Tamsweg zum Krameterhof, fand jetzt durch eine gerichtliche Erkenntnis einen für Sepp Holzer äußerst positiven Abschluss. Alle 4 Verfahren, die aufgrund von Fehlentscheidungen und Willkür der zuständigen Behörden eingeleitet worden waren, wurden nun in letzter Instanz vom Unabhängigen Verwaltungssenat Salzburg zugunsten Sepp Holzers entschieden. Der Schaden, der Sepp Holzer durch das verhängte Busfahrverbot und die dadurch bedingte Schließung seiner Führungen am Krameterhof entstand, beträgt mehrere Hunderttausend Euro. Auch der Schaden für die Tourismuswirtschaft in Lungau ist durch den Rückgang an Nächtigungen beträchtlich (Lungauer Nachrichten vom 28. 9. 2006, „Katastrophale Saison").
Das leidige Problem des Busfahrverbots auf der Zufahrtsstraße zum Krameterhof erstreckte sich über 3 Jahre. Auf der Bezirkshauptmannschaft Tamsweg mangelt es nicht an hochkarätigen Beamten (Bezirkshauptmann Hofrat Dr. Robert Kissela, Verkehrsreferent Hofrat Mag. Vitus Korntner); man möchte annehmen, dass die Verantwortlichen die gesetzlichen Vorgaben beachten und dass es zu solchen Fehlentscheidungen erst gar nicht kommen kann. Man muss sich fragen: Was ist die Ursache, wo liegen die Gründe für ein derartiges Versagen?

Entscheidung des Verwaltungsenats Salzburg

Der Unabhängige Verwaltungssenat des Landes Salzburg hält die juristische Begründung für die Unterbindung der Buszustellung zum Krameterhof für verfehlt und führte wörtlich aus: „Diese Begründung hält einer näheren Überprüfung zweifelsohne nicht stand. Das angefochtene Straferkenntnis ist sowohl materiell- als auch verfahrensrechtlich verfehlt" (Auszug S 1 von 7).

Ein Hofrat ohne Hof ist wie eine Blattlaus ohne Blatt: Die Blattlaus kann ohne Blatt nicht leben, den Hofrat ohne Hof müssen wir versorgen!©

Die Realität ist, dass wir regelrecht kaputt verwaltet werden, und ich finde es unverantwortlich, dass uns die Politik diesen monströsen Apparat aufzwingt.©

Rechte Seite:
Die 4 Originale der
Erkenntnisse des Verwaltungssenats
Salzburg in der Causa
Busfahrverbot zum Krameterhof.

An das
Landesgericht Eisenstadt
Wiener Straße 9
7000 Eisenstadt

EINGEGANGEN

Radstadt, 23.11.2005 / we
Unser Zeichen: 5673/05

GZ: 27CG128/05z

Klagende Partei(en):
Josef Holzer
Landwirt
Keusching 13
5591 Ramingstein

vertreten durch:
Dr. Wolfgang Stolz
Rechtsanwalt
Schernbergstr. 19
5550 Radstadt
R59104

RECHTSANWALT
DR. WOLFGANG STOLZ
Schernbergstraße 19
5550 RADSTADT
Tel. 06452/76 93 u. 74 86 – Fax 74 86-4

Prozess und Geldvollmacht
erteilt gem § 30 Abs 2 ZPO

Beklagte Partei(en):
Gertrud Barrada
geb. 03.09.1950
Landwirtin
Mitterhenndorf 19
8380 Jennersdorf

wegen: Unterlassung EUR 16.000,00 s A

KLAGEHALBSCHRIFT

2-fach
Beilage(n)

ANTRAG DER KLAGENDEN PARTEI(EN):

1. Die beklagte Partei ist gegenüber der klagenden Partei schuldig, die Verwendung der Domains www.agrarrebell.at, www.agrar-rebell.at, www.agrarrebell.de und www.agrar-rebell.de im world wide web mit oder ohne Inhalt zu unterlassen und die zu ihren Gunsten registrierten Domainnamen Domains www.agrarrebell.at, www.agrar-rebell.at, www.agrarrebell.de und www.agrar-rebell.de zu löschen.
2. Die beklagte Partei ist schuldig, der klagenden Partei die Prozesskosten – gemäß § 19 a RAO zu Handen des Klagevertreters – zu ersetzen. Dies alles binnen 14 Tagen bei sonstiger Exekution.

Urteil des Gerichtes:

Versäumungsurteil.
im Namen der Republik:

Landesgericht Eisenstadt

Abt. ... am 28.11.2005

Rechtskraftbestätigung:

Diese Ausfertigung ist seit ...
rechtskräftig und vollstreckbar.
Landesgericht Eisenstadt

Abt. 27 am 1? Jan. 2006

Mag. Barbara Michalek

EINGEGANGEN
16. Nov. 2006

6 Cg 82/06x

Republik Österreich
Landesgericht Salzburg
VERGLEICHSAUSFERTIGUNG

Rechtssache:

Klagende Partei : **Josef HOLZER,** Landwirt,
5591 Ramingstein, Keuschnig 13

vertreten durch : STOLZ & SCHARTNER RAe GmbH
5550 Radstadt, Schernbergstraße 19

Beklagte Partei : **1. OTO-Akustiktechnik GmbH**
D-46149 Oberhausen, Emschertalstraße 4
2. Karl Siegfried SCHRIEVER
D-46149 Oberhausen, Emschertalstraße 4

vertreten durch : Mag. Gerhard MOSER, RA.,
8850 Murau, Anna-Neumann-Straße 5

wegen : **Unterlassung**

Die Parteien haben bei der Tagsatzung am 30.10.2006 folgenden gerichtlichen

VERGLEICH

geschlossen :

Die beklagten Parteien verpflichten sich zur ungeteilten Hand der klagenden Partei zu Handen des Klagevertreters Prozesskosten in Höhe von EUR 1.651,14 (darin enthalten EUR 659,50 Barauslagen und EUR 165,27 USt.) binnen 14 Tagen zu bezahlen.

Landesgericht Salzburg
Abt. 6, am 30.10.2006

Dr. Ursula Meßner
Für die Richtigkeit der Ausfertigung
der Leiter der Geschäftsabteilung:

Originalauszug:
Klage und Vergleichsausfertigung der von Sepp Holzer gewonnenen Rechtsstreitigkeiten wegen Domain-Grabbing gegen Gertrud Barrada, ihren derzeitigen Lebensgefährten Karl Siegfried Schriever sowie gegen die Oto-Akustiktechnik GmbH.

EINGEGANGEN

Land Salzburg

UNABHÄNGIGER VERWALTUNGSSENAT SALZBURG

ZAHL	DATUM	
UVS-3/16013/2-2006	22.1.2007	MICHAEL-PACHER-STRASSE 27 POSTFACH 527, 5010 SALZBURG TEL (0662) 8042 - FAX (0662) 8042 - 3893 EMAIL uvs@salzburg.gv.at

BETREFF
Holzer Josef, 5591 Ramingstein; Übertretung gemäß StVO; Berufung

Der Unabhängige Verwaltungssenat des Landes Salzburg erlässt durch das Senatsmitglied Dr. Astrid Hutter über die Berufung von Herrn Josef Holzer, 5591 Ramingstein, vertreten durch die Rechtsanwälte GmbH Stolz & Schartner, Schernbergstraße 19, 5550 Radstadt, gegen das Straferkenntnis der Bezirkshauptmannschaft Tamsweg vom 16.03.2006, Zahl 30506/369-6047-2004, folgendes

ERKENNTNIS:

Gemäß § 66 Abs 4 AVG iVm § 24 VStG wird der Berufung Folge gegeben, das angefochtene Straferkenntnis behoben und das Verwaltungsstrafverfahren gemäß § 45 Abs 1 Z 3 VStG eingestellt.

Entscheidungsgründe:

EINGEGANGEN

Land Salzburg

UNABHÄNGIGER VERWALTUNGSSENAT SALZBURG

ZAHL	DATUM	
UVS-3/16014/2-2006	15.2.2007	MICHAEL-PACHER-STRASSE 27 POSTFACH 527, 5010 SALZBURG TEL (0662) 8042 - FAX (0662) 8042 - 3893 EMAIL uvs@salzburg.gv.at

BETREFF
Holzer Josef, 5591 Ramingstein; Übertretung gemäß StVO; Berufung

Der Unabhängige Verwaltungssenat des Landes Salzburg erlässt durch das Senatsmitglied Dr. Astrid Hutter über die Berufung von Herrn Josef Holzer, 5591 Ramingstein, vertreten durch die Rechtsanwälte GmbH Stolz & Schartner, Schernbergstraße 19, 5550 Radstadt, gegen das Straferkenntnis der Bezirkshauptmannschaft Tamsweg vom 16.03.2006, Zahl 30506/369-5551-2004.1, folgendes

ERKENNTNIS:

Gemäß § 66 Abs 4 AVG iVm § 24 VStG wird der Berufung Folge gegeben, das angefochtene Straferkenntnis behoben und das Verwaltungsstrafverfahren gemäß § 45 Abs 1 Z 3 VStG eingestellt.

Entscheidungsgründe:

Mit den

"Angabe
Zeit de
Ort der

Fahrzeu

- Sie h
tung
"Fah
für B
werd

EINGEGANGEN

Land Salzburg

UNABHÄNGIGER VERWALTUNGSSENAT SALZBURG

ZAHL	DATUM	
UVS-3/16015/2-2006	15.2.2007	MICHAEL-PACHER-STRASSE 27 POSTFACH 527, 5010 SALZBURG TEL (0662) 8042 - FAX (0662) 8042 - 3893 EMAIL uvs@salzburg.gv.at

BETREFF
Holzer Josef, 5591 Ramingstein; Übertretung gemäß StVO; Berufung

Der Unabhängige Verwaltungssenat des Landes Salzburg erlässt durch das Senatsmitglied Dr. Astrid Hutter über die Berufung von Herrn Holzer Josef, 5591 Ramingstein, vertreten durch die Rechtsanwälte GmbH Stolz & Schartner, Schernbergstraße 19, 5550 Radstadt, gegen das Straferkenntnis der Bezirkshauptmannschaft Tamsweg vom 16.03.2006, Zahl 30506/369-6523-2004, folgendes

ERKENNTNIS:

Gemäß § 66 Abs 4 AVG iVm § 24 VStG wird der Berufung Folge gegeben, das angefochtene Straferkenntnis behoben und das Verwaltungsstrafverfahren gemäß § 45 Abs 1 Z 3 VStG eingestellt.

Entscheidungsgründe:

Mit dem angefochtenen Straferkenntnis wird dem Beschuldigten wie folgt vorgeworfen:

"Angaben zur Tat:

Zeit der Begehung:	19.08.2004, 18:05 Uhr
Ort der Begehung:	Ramingstein, Madling - Keusching, Güterweg Keusching IV, bis zum Haus Keusching Nr. 13
Fahrzeug:	Omnibus M3, LI-3LLA (A)

- Sie haben es vorsätzlich erleichtert, dass der Lenker des genannten Omnibusses, Herr Alfred Spanner, eine Verwaltungsübertretung begeht, indem er die Straße unter Missachtung des Vorschriftszeichens "Fahrverbot für Omnibusse" befahren hat, da Sie die Auskunft erteilt haben, er könne das Fahrverbot ruhig missachten, die Verwaltungsstrafe würde von Ihnen bezahlt.

UNABHÄNGIGER VERWALTUNGSSENAT SALZBURG
POSTFACH 527, 5010 SALZBURG • TELEFON (0662) 8042-0* • FAX (0662) 8042-3893 • EMAIL uvs@salzburg.gv.at • DVR 0078182

EINGEGANGEN

EINGEGANGEN

Land Salzburg

UNABHÄNGIGER VERWALTUNGSSENAT SALZBURG

ZAHL	DATUM	
UVS-3/16019/2-2006	15.2.2007	MICHAEL-PACHER-STRASSE 27 POSTFACH 527, 5010 SALZBURG TEL (0662) 8042 - FAX (0662) 8042 - 3893 EMAIL uvs@salzburg.gv.at

BETREFF
Holzer Josef, 5591 Ramingstein; Übertretung gemäß StVO; Berufung

Der Unabhängige Verwaltungssenat des Landes Salzburg erlässt durch das Senatsmitglied Dr. Astrid Hutter über die Berufung von Herrn Holzer Josef, 5591 Ramingstein, vertreten durch die Rechtsanwälte GmbH Stolz & Schartner, Schernbergstraße 19, 5550 Radstadt, gegen das Straferkenntnis der Bezirkshauptmannschaft Tamsweg vom 16.03.2006, Zahl 30506/369-6540-2004, folgendes

ERKENNTNIS:

Gemäß § 66 Abs 4 AVG iVm § 24 VStG wird der Berufung Folge gegeben, das angefochtene Straferkenntnis behoben und das Verwaltungsstrafverfahren gemäß § 45 Abs 1 Z 3 VStG eingestellt.

Entscheidungsgründe:

Mit dem angefochtenen Straferkenntnis wird dem Beschuldigten wie folgt vorgeworfen:

"Angaben zur Tat:

Zeit der Begehung:	19.08.2004, 18:05 Uhr
Ort der Begehung:	Ramingstein, Madling - Keusching, Güterweg Keusching IV, bis zum Haus Keusching Nr. 13
Fahrzeug:	Omnibus M3, LI-LLA11 (A)

- Sie haben es vorsätzlich erleichtert, dass der Lenker des genannten Omnibusses, Herr Stefan Leitner, eine Verwaltungsübertretung begeht, indem er die Straße unter Missachtung des Vorschriftszeichens "Fahrverbot für Omnibusse" befahren hat, da Sie die Auskunft erteilt haben, dass Sie im Falle einer Anzeige die Strafe zahlen.

UNABHÄNGIGER VERWALTUNGSSENAT SALZBURG
POSTFACH 527, 5010 SALZBURG • TELEFON (0662) 8042-0* • FAX (0662) 8042-3893 • EMAIL uvs@salzburg.gv.at • DVR 0078182

Nachwort

Sepp Holzer hat zeitlebens kein Blatt vor den Mund genommen, immer frei weg gesagt, was er dachte und Umweltsündern, Naturfrevlern und Tierquälern landauf und landab nur allzu berechtigt „auf die Finger geklopft". Und weil er den „Mumm" hatte, solches zu tun, geriet er bei jenen in Ungnade, die letztendlich das heutige Umweltdesaster zu verantworten haben.
Man darf nicht ungestraft sagen, dass nicht der Borkenkäfer, sondern die Forstbeamten die „größten Schädlinge des Waldes" sind, auch wenn jeder, der heute offenen Auges durch das Land wandert oder fährt, sich davon sehr leicht überzeugen kann. Oder: dass ein „Hofrat ohne Hof" einer „Blattlaus ohne Blatt" gleicht, ein Ausspruch, der verständlich wird, wenn man weiß, dass Sepp Holzer der „bestrafteste Bauer" Österreichs ist und jahrzehntelange Repressalien der Behörden hinter sich hat, die, wie im Falle des Busfahrverbotes zu seinem Krameterhof, nach jahrelangem Rechtsstreit zu seinen Gunsten ausgingen.
Auch für die gravierenden Fehler heutiger Land- und Forstwirtschaft, die vor allem darauf beruhen, dass man an längst überholten, der Natur zum Nachteil gereichenden Praktiken aus der Fachliteratur festhält, hat Sepp Holzer ein treffendes Zitat : „Wenn ich nur das machen würde, was in land- und forstwirtschaftlichen Lehrbüchern steht, müsste ich verhungern. Das Beste ist, man nimmt diese zum Mulchen!"

Und doch möchte Sepp Holzer mit seinen deftigen Aussprüchen niemanden persönlich beleidigen; es ist vielmehr der Ausdruck seiner Empörung über ein System, das immer öfter Fehlleistungen, zum Teil vorsätzlich, begeht und Menschen bestraft, die sich für den Schutz der Natur und den Erhalt unseres Lebensraumes einsetzen.
Da werden dann jene zu „grünen Spinnern", die den empörten Aufschrei über das, was heute weltweit in Sachen Umweltzerstörung passiert, wagen und mit ihrem Versuch, noch zu retten, was zu retten ist, gegen den Strom schwimmen. Gegen einen Strom, der keinen Widerspruch duldet und der „Aufmüpfigkeit" mit einer Hetzkampagne bestraft, vor der auch die Medien letztlich im Sinne von Auflagen und Einschaltquoten nicht Halt machen.

Was man Sepp Holzer vorwirft, sind immer wieder haltlose Behauptungen, für die sich die Verunglimpfer dann sehr oft offiziell entschuldigen müssen (siehe eigenes Kapitel im Buch). Der Schaden, der dabei von Missgünstigen ideell und materiell angerichtet wird, bleibt aber fast immer ungesühnt. Darf es denn sein, dass behördliche Entscheidungen, bei denen der Verdacht naheliegt, dass sie bewusst und vorsätzlich gegen die bestehende Gesetzeslage getroffen wurden, keine Konsequenzen für die Betreffenden haben? Kann wirklich glaubhaft gemacht werden, dass sich Beamte bis hinauf zum Range eines Hofrates in ihren Entscheidungen „irren"; Entscheidungen, die dann in höchster Instanz als Fehlentscheidungen erkannt werden?

Und wer zieht jene zur Verantwortung, die durch ihre „Irrtümer" riesigen Schaden an Privatvermögen angerichtet, staatliche Gelder durch das mutwillige Provozieren von Prozessen verschleudert und der Tourismuswirtschaft im Lungau durch Ignoranz und Engstirnigkeit im Jahre 2005 zu einer katastrophalen Bilanz verholfen haben?

Wenn man Sepp Holzer jahrelang auf seinen Reisen in aller Welt begleitet und im Laufe der immer wiederkehrenden Besuche bei den einzelnen Projekten deren wunderbare Fortschritte miterleben darf, erhebt sich die Frage: Warum sollte bei einem Projekt im Burgenland das nicht funktionieren, was seit vielen Jahren überall in der Welt bestens zum Vorteil von Mensch und Natur funktioniert? Auch darauf ist die Antwort mittels Zitat von Sepp Holzer einfach zu geben: „Es gibt keine Ungunstlagen oder unproduktive Flächen, sondern nur unfähige Grundbesitzer." Die eigene Unfähigkeit, Grund und Boden zu bewirtschaften, dazu zu verwenden, jemanden durch eine angezettelte Hetzkampagne zu verleumden und dann noch zu versuchen, daraus riesigen Profit zu schlagen, demaskiert die betreffenden Personen und ihre Motive eigentlich von selbst.

Erlebt man immer wieder die Freude und Euphorie jener Menschen, denen Sepp Holzer überall in der Welt die Nähe zur Natur vermitteln und vielerorts eine geschädigte, vergewaltigte Natur renaturieren und für die dort lebenden Geschöpfe wieder lebenswert machen konnte, wird einem klar, wie wichtig die Arbeit des „Agrar-Rebellen" als einer der wenigen mutigen Einzelkämpfer in Sachen Natur- und Umweltschutz heute ist.

Solange es überall auf der Welt eine Unzahl von Menschen gibt, die Sepp Holzer jenen Respekt zollen, der ihm ob seines Wirkens und seines Naturverständnisses zu Recht zusteht, sollte sich der „Agrar-Rebell" nicht um das Gerede einiger heimischer Denunzianten kümmern und den von ihm eingeschlagenen positiven Weg – von Anfeindungen unbeirrt – weiter beschreiten.

Im Rahmen seiner weltweiten Tätigkeit berät Sepp Holzer Einzelpersonen, Bevölkerungsgruppen, Unternehmen und Organisationen unterschiedlicher Nationalität, ohne sich mit deren Philosophien, Religionen oder deren politischer Einstellung zu identifizieren. Entscheidend für Sepp Holzer ist, dass seine Beratung dem Wohl der Mitlebewesen, dem respektvollen Umgang mit der Natur und dem Schöpfungsauftrag gerecht wird.

Sepp Holzer mit seiner Frau Veronika.

Eine gute Ehe und harmonische Zweisamkeit bilden die Basis für ein glückliches Familienleben.©

Sepp Holzer. Der Agrar-Rebell
ISBN 978-3-7020-0970-0

Der Agrar-Rebell. Hörbuch
EAN-Code: 4-260069-25050-1

Sepp Holzer's Permakultur
ISBN 978-3-7020-1037-9

Die Visionäre
ISBN 978-3-9501-8872-1

Sepp Holzer. Wo ein Wille da ein Weg
ISBN 978-3-7088-0368-5

Bildnachweis

Josephine Donatelli und Roland Kalss/Bad Aussee: 72–73 unten, 80, 81, 82, 83, 85

Angelika und Frank Gevert/La Palma: 136, 137

Werner Goach/Greisdorf: 86 unten

Steffen Haeger/Norwegen: 92 links oben, 112, 113, 114

Sepp und Josef Andreas Holzer: 9, 15 Mitte, 15 unten, 27 unten, 28 unten, 30 unten, 33 rechts Mitte, 37 unten, 38 links unten, 40, 41, 43 links oben, 43 rechts oben, 43 rechts unten, 44 oben, 45 links oben, 51 unten, 60, 61 oben, 62 unten, 64 links, 69 unten, 92 rechts unten, 92 rechts oben, 92 unten Mitte, 108 Mitte, 115, 116, 117, 118, 119, 128 links unten, 133, 142 links oben, 143 rechts oben,

DI Claudia Kaufmann/Vorarlberg: 98 links oben, 100 links unten, 101 oben, 102 links oben, 102 links unten, 104–105 unten, 105 rechts oben, 107 rechts unten

Michael Leischner/Villach: 36 unten

Peter Philipp/Graz: 14, 23 unten, 70, 92 links unten, 130, 131 unten, 138 unten, 139 links oben, 139 rechts unten, 148 unten

Jo Schwartz/Köln: 129, 131 oben

Schwenk Film/Stuttgart: 7, 92 oben Mitte

Miriam Shabafrouz/Deutschland: 36 Mitte, 97, 98 rechts oben, 98 links unten, 99 oben, 100 Mitte rechts, 101 unten, 102 rechts unten, 104 oben, 108 unten, 111 Mitte rechts, 111 links unten

Erich Spurej/Graz: 2 (Portraitzeichnung)

Peter Steffen/Graz: 6, 8,10, 13, 15 oben, 16 links oben und links unten, 16 rechts oben, 18, 19, 20, 21, 22, 23 oben, 24, 25, 26, 27 oben, 27 Mitte, 28 oben, 29, 30 oben, 31, 32 oben, 33, 34, 35, 36 oben, 37 oben, 38, 39 oben, 39 unten, 42, 43 rechts Mitte, 45, 46, 47, 48, 49, 50, 51 oben, 52, 53, 54, 55 oben, 56, 57, 58, 59, 61 Mitte, 61 unten, 62 oben, 63, 64 rechts, 65, 66, 67 rechts oben, 68, 69 oben, 71, 73 rechts oben, 76, 78, 79, 84, 86 oben, 87, 88, 89, 90, 91, 92 links Mitte, 92 rechts Mitte, 93, 94, 95, 96, 98 rechts unten, 98 links Mitte, 99 unten, 100 links oben, 100 rechts oben, 100 links Mitte, 100 rechts unten, 101 Mitte, 102 rechts oben, 103, 105 links oben, 106, 107, 108 oben, 109, 110, 111 links Mitte, 111 rechts unten, 111 rechts oben, 111 links oben, 120, 121, 122, 123, 124, 125, 126, 127, 128, 132,134, 135,138 oben, 138 Mitte, 139 rechts oben, 139 links unten, 140, 141, 142, 143, 144, 145, 146, 147, 148 oben, 149, 150, 156, 157, 159

Thomas Straub/Berlin: 17, 39 Mitte, 43 unten, 44 unten, 55 unten, 67 unten, 68 rechts oben

Zorn Gudenhof/Maria Schutz: 16 rechts unten, 32 unten, 67 Mitte, 74, 75, 77